ous la main des bourreaux.
e eut la douleur d'être sé-
ans la nuit du 2 août, elle
e à la Conciergerie, devant
aire : *J'étais reine*, dit-elle
condamner, *et vous avez*
étais mère, et vous m'a-
nfans, il ne me reste que
aites pas souffrir plus
a sur l'échafaud le 16 oc-
lisabeth vécut encore sept
cence de toute sa vie, et
même la possibilité d'un

S.

pour les armées qu'elle allait former
décret elle mit sur pied un million
ce décret était celui qui appelait sous
tous les jeunes Français de 18 à
nomma cette levée en masse *la prem*
sition. Ces nouveaux soldats parti
champ, apprirent à la hâte, pendan
manier leurs armes, et parurent dev
aux premiers beaux jours de 1794
mières marches poussèrent l'ennemi
chaque combat fut une victoire, et u
s'était pas encore écoulée, qu'ils étaie
la Belgique, de la Hollande, et de p

CONTES

AUX

JEUNES AGRONOMES.

COULOMMIERS. — IMPRIMERIE DE BRODARD.

Dessiné et Gravé par Montaut

GUSTAVE

ou

Le petit Jardinier Fleuriste

Ouvrage à l'usage de la Jeunesse

PUBLIÉ

par Mme J. P. Bremadeur

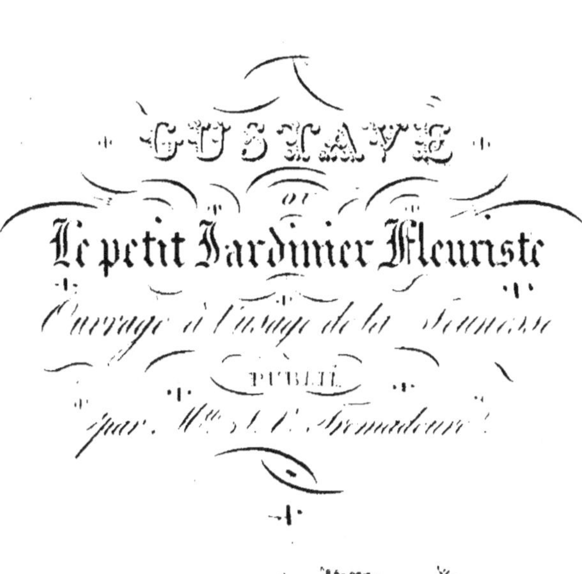

Dessiné et Gravé par Montaut.

Paris.

Didier, Libraire,

Quai des Augustins, N.° 49.

GUSTAVE

OU

LE PETIT JARDINIER

FLEURISTE,

OUVRAGE AMUSANT ET MORAL,

A L'USAGE DE LA JEUNESSE.

PAR Mlle S. U. TRÉMADEURE.

PARIS.

DIDIER, LIBRAIRE,

quai des Augustins, n° 47.

1834.

GUSTAVE
DE MILLAU,

OU LE PETIT

JARDINIER FLEURISTE.

CHAPITRE PREMIER.

LA CITADELLE.

Sur les bords de la mer Baltique, non loin de l'embouchure de la Penne, s'élève le château-fort de Wolgast, qui donne son nom à l'une des villes fortes du cercle de Guttzcow, dans la Poméranie citérieure. Là était né Gus-

1

tave de Millau, fils unique du gouverneur de ce château, où avaient
souvent été enfermés des prisonniers d'État, et les prisonniers
d'importance faits dans les guerres
que la Prusse avait eues à soutenir
tour-à-tour contre les diverses na-
tions de l'Europe; et c'était dans
ce triste séjour que Gustave avait
déjà passé les six premières années
de sa vie, lorsqu'il eut le malheur
de perdre sa mère. De ce moment
son existence était devenue bien
monotone et bien solitaire. Son
père s'occupait peu de lui. Gustave n'avait pas de camarades de
son âge; quelquefois les soldats de
la garnison consentaient à partager ses jeux; mais, plus habituel-

lement, il était réduit à s'amuser
seul, et sa solitude, son isolement,
restreignaient à un bien petit nombre les distractions qu'il pouvait se
procurer. L'une des plus grandes
était d'assister, du haut de l'esplanade du château, aux orages, aux
tourmentes de la mer qui venait
se briser en flots écumeux jusqu'au
pied des hautes murailles. Quelquefois Gustave apercevait au loin
des vaisseaux battus par la tem-
pête; il les voyait monter avec les
vagues jusqu'aux cieux, puis tout-
à-coup s'enfoncer, disparaître, pour
reparaître un peu plus loin, mais
dépouillés de leurs mâts, de leurs
voiles, de leurs agrès, et flottant
sur le côté au gré des flots en fu-

rie ; d'autres fois, lorsque la mer était calme, Gustave voyait au contraire les vaisseaux cingler majestueusement vers le port, y arriver paisiblement, toutes les voiles déployées, et jeter l'ancre au milieu de cette forêt de mâts ressemblant à des arbres dépouillés de feuilles. Ce spectacle le ravissait autant que celui de la mer en furie l'épouvantait ; et cependant il était rare lorsque l'orage grondait, lorsque le vent soufflait des quatre coins de l'horizon enflammé par les éclairs, que Gustave ne se rendît point sur l'esplanade pour prier, pour invoquer le Ciel en faveur des malheureux vaisseaux ; car sa mère lui avait appris à ne point fuir l'aspect du malheur, et à donner au moins des prières aux infortunés, lorsqu'il ne pouvait leur offrir des secours plus efficaces.

Dans ces momens terribles, Gustave n'était pas toujours seul ; celui qu'il appelait son *bon ami*, et que, dès l'enfance, il s'était accoutumé à chérir et à regarder comme un second père, Eugène Delille, officier français, depuis bien des années prisonnier au château de Wolgast, recherchait, ainsi que Gustave, le spectacle imposant que présentent les tempêtes de la mer. Tous deux bravant l'ouragan, la pluie et la foudre, et se tenant par la main, restaient dans une contemplation muette devant ce ta--

bleau effrayant, qui leur présentait l'homme courageux luttant
contre les élémens déchaînés, et les
domptant quelquefois. Alors le capitaine Delille disait: « Avec quelle
joie je braverais ces dangers, avec
quel empressement je m'expose-
rais à tous ces périls, si, par-là, je
pouvais recouvrer ma liberté, voir
finir ma longue captivité, et toucher
enfin aux rivages de ma patrie ! »

Le capitaine avait souvent parlé
de la France à Gustave, et plus
Gustave avançait en âge, plus
M. Delille prenait plaisir à entre-
tenir son jeune ami de cette patrie
si belle et si regrettée. Il lui van-
tait son doux climat, ses beaux
paysages, ses champs couverts d'é-

pis dorés, ses prairies émaillées de
fleurs de toutes les couleurs, et
Gustave écoutait, sans pouvoir se
faire une idée nette d'une contrée
si différente du lieu qu'il habitait.
Au château de Wolgast il y avait
un jardin pour le gouverneur ;
mais dans ce jardin on ne voyait
que des ifs au feuillage sombre, des
sapins rabougris, un gazon brûlé
l'été par l'ardeur du soleil, et qui
disparaissait sous la neige dès les
premiers jours de l'automne. Si
Gustave était descendu jusqu'à la
ville, il aurait pu voir, dans les
jardins des personnes riches, une
verdure plus riante et quelques-
unes de ces fleurs que son bon ami
lui décrivait avec tant de complai-

sance; mais le pauvre enfant n'a-
vait jamais quitté la triste citadelle où il était né; et d'ailleurs,
eût-il visité la ville entière, il n'aurait trouvé nulle part cette végétation si variée et si abondante qui fait
l'ornement et la richesse des pays
occidentaux et méridionaux. La bise
de la mer détruisait ici les plantes
que les rigueurs de l'hiver avaient
respectées. Au milieu de ces murailles, de ces tourelles, d'où la
vue s'étendait sur les vagues, sur
les rochers noircis et sur les toits
et les clochers de la ville, Gustave
était tenté de prendre pour des
contes tout ce que M. Delille rap-
portait de la beauté de la France.

« Mon bon ami, lui dit-il un

jour, quand vous retournerez dans votre pays, vous m'emmènerez avec vous, n'est-ce pas?

— Mais ton père, Gustave, n'y consentira point.

— Oh! que si. Je l'en prierai tant, tant!.... Que je serais content de voir ces beaux arbres, ces belles fleurs surtout dont vous me parlez si souvent!.... Mon bon ami, comment se fait-il donc qu'il suffise de mettre des graines en terre, pour se procurer des fleurs, des arbres et des fruits?

—Mon cher Gustave, c'est là un des secrets de la nature, que les savans connus sous le nom de *na- turalistes,* ce qui veut dire des hommes s'occupant de recherches sur les animaux, les plantes et les minéraux, n'ont pas encore pu découvrir entièrement. L'étude des secrets de la nature est un vaste champ où l'homme se perd souvent; mais en s'y égarant, il ne compromet pas du moins son bonheur : dans quelque direction que le pousse la passion de savoir, cette passion, la plus innocente de toutes, lui donne toujours des jouissances pures qui embellissent sa vie et la font passer comme un songe.

— Mon bon ami, j'ai aussi, moi, la passion de savoir; oui, je vous assure.

— J'en suis charmé pour toi,

mon cher Gustave. Mais sur quoi se porte particulièrement *cette passion?*

Gustave réfléchit un moment avant que de répondre , puis il dit : «Pendant long-temps, mon bon ami, j'ai eu envie d'aller courir le monde , comme ceux qui s'en vont sur ces beaux vaisseaux que nous voyons passer d'ici.... Mais à présent je ne m'en soucie plus : ce n'est pas que j'aie peur, au moins, des tempêtes et des naufrages! Non, certainement. J'ai du courage, mon bon ami!

— Je le sais, Gustave.

— Mais depuis que vous m'avez parlé tant et tant de votre belle France, je préfère y aller avec vous. J'ai envie, mais une bien grande envie de semer aussi, moi, des graines, de voir pousser des plantes, de cueillir de jolies fleurs de toutes les couleurs, et de manger de vos bons fruits. Selon ce que vous m'avez dit, ils sont bien meilleurs que les oranges et les fruits confits qui nous sont apportés de bien loin, bien loin, par les navires. Mon bon ami, il faut demander à mon père qu'il nous laisse aller faire un petit voyage dans votre belle France.

— Gustave, je suis prisonnier, prisonnier de guerre, tu le sais bien. Tu as dix ans maintenant; il y en a neuf que je languis dans la captivité. Grâce à ton excellent père, cette captivité s'est beaucoup adoucie; je jouis de toute la liberté qu'il lui est permis de m'accorder; mais ma liberté entière ne me sera rendue que lorsque mon pays sera en paix avec le tien. Amené ici avec mon général pris par les Prussiens, je l'ai vu mourir à la suite de ses blessures. S'il avait vécu, j'aurais pu être échangé comme lui contre d'autres officiers du même grade; mais l'obscur aide-de-camp a été oublié..... Mon pauvre Gustave, ton bon ami mourra probablement prisonnier!

— Non! non! s'écria vivement Gustave. Permettez-moi seulement de parler à mon père, et vous verrez qu'il consentira à nous laisser partir tous les deux pour la France.»

Le capitaine Delille sourit tristement, et répondit que, du gouverneur de Wolgast ne dépendait pas son sort, et qu'il était inutile de demander une chose que le gouverneur ne pouvait accorder. Détournant l'attention de Gustave d'un sujet qui lui était pénible, parce qu'il ranimait avec plus de force le souvenir de ses peines, le capitaine ramena l'entretien sur les charmes de l'étude, sur les douceurs de la vie privée consacrée à des travaux utiles, à ceux de la campagne surtout. Gustave paraissait disposé à s'y affectionner, sans les connaître autrement

que par les récits de son ami, parce
que ces travaux convenaient à son
caractère naturellement paisible et
doux ; et ce soir-là, comme de coutume, l'enfant et le prisonnier se
séparèrent occupés tous les deux
des mêmes pensées, et pourtant se
trouvant tous les deux dans une
situation d'esprit bien différentes.
Gustave ne rêvait que beaux ver-
gers, que parterres magnifiques
plantés et soignés par ses mains ; le
prisonnier rêvait aussi beaux ver-
gers, parterres brillant de mille
fleurs, et bocages frais remplis
d'oiseaux les animant par leur ra-
mage ; mais en entrant dans son
donjon, en prêtant involontaire-
ment l'oreille au bruit de la mer,

qui se brisait au pied des murs de
la citadelle, les doux rêves s'éva-
nouirent; il porta un triste regard
sur les murailles de sa prison.......
et un profond soupir sortit de sa
poitrine.

CHAPITRE II.

LE SIÉGE.

QUELQUES livres français et allemands que le gouverneur avait mis à la disposition du capitaine Delille, servaient à celui-ci à reconnaître les bontés du père de Gustave, en développant dans l'enfant le goût de l'instruction, et en lui apprenant à occuper utilement ses loisirs. L'étude de la langue française, un peu de géographie, d'histoire et de dessin, faisaient passer agréablement les heures. Gustave s'attachait de plus en plus

au précepteur que le hasard lui
avait donné ; le gouverneur, de
son côté, était de plus en plus pénétré d'estime pour son prisonnier,
qui supportait avec patience et
courage une si longue captivité, et
il laissait sans inquiétude son fils
entre les mains d'un homme dont
la conduite était faite pour inspirer
la plus grande confiance à un père.
Brave et franc militaire, mais peu
instruit et plus occupé de politique
que de son fils unique, le gouverneur était bien aise de pouvoir se
reposer sur un autre des premiers
soins nécessaires à Gustave, jusqu'à l'âge où cet enfant pourrait
être envoyé à l'école militaire de
Berlin. Dans cette ville demeurait

Mme de Bode, sœur de la mère de Gustave. Toutes deux Polonaises, toutes deux s'étaient mariées en Prusse. Leur frère, le colonel de Weliskie, était venu une ou deux fois à Wolgast; mais le gouverneur ne l'aimait pas, quoique ce fût un brave et un excellent homme. Polonais, et par conséquent grand admirateur des Français, le colonel de Weliskie avait préféré le service de la France à celui de la Prusse, et son beau-frère ne pouvait le lui pardonner. Ces deux puissances étant en guerre, les deux beaux-frères se seraient rencontrés peut-être sur le champ de bataille, si de grandes infirmités, fruits de longs services, n'avaient fait donner au général baron de Millau, comme une honorable retraite, le gouvernement de la citadelle de Wolgast.

Ainsi s'étaient écoulées, pour Gustave, les premières années de l'enfance, et pour le capitaine Delille, les tristes années d'une captivité dont il ne voyait pas le terme; car il ignorait les progrès rapides, en Allemagne, de nos armées partout victorieuses; car il ignorait que l'Autriche et la Prusse entière étaient soumises. Aucune nouvelle de l'extérieur ne parvenait au prisonnier, et il ne se doutait pas qu'il touchait au moment de sa délivrance, lorsqu'un matin Gustave, arrivant tout essoufflé avant l'heure de la leçon, dit en lui sautant au cou : «Mon bon ami, les Français sont dans la ville!

— Les Français! s'écria le capitaine Delille qui se leva brusquement. Que dis-tu, Gustave ?

— Oui, mon bon ami, les clés de la ville leur ont été remises hier; mais mon père jure de défendre le château jusqu'à la dernière extrémité. »

Cette nouvelle, bien inattendue, causa un tel bouleversement au capitaine Delille, qu'un tremblement violent s'emparant de lui, il fut obligé de se rasseoir.

«Qu'avez-vous, mon bon ami ? demanda Gustave. Moi je croyais vous faire tant de plaisir en vous annonçant cela!...

— Gustave, le plaisir que j'éprouve est si vif, l'émotion que je ressens est si profonde!... Ton père ne t'a pas dit de m'engager à me rendre auprès de lui?

—Oh! mon père est si occupé qu'il ne pense pas à vous, mon bon ami. Il donne des ordres; il va et vient dans toute la citadelle pour faire mettre les canons et les armes en état... Je voulais le prier de ne pas faire de mal aux Français; mais il a un air... un air si terrible, que je n'ai pas osé lui parler. »

En cet instant le capitaine De-

lille fut invité à passer sur-le-
champ chez le gouverneur. Il obéit,
et s'y rendit accompagné de son
élève.

« Capitaine Delille, dit le gouverneur d'un ton bref, les Français sont à nos portes..... La ville
s'est rendue par capitulation.....
mais ils ne deviendront maîtres de
la citadelle qu'en passant sur mon
corps privé de vie. Je pourrais
vous faire mettre au cachot et aux
fers pour m'assurer de vous ; mais
je vous estime assez pour me con-
tenter de votre parole d'honneur
de ne point quitter le donjon que
vous habitez.

— Je vous en donne ma parole
d'honneur ! » répondit le capitaine

sans hésiter et en posant la main droite sur sa poitrine.

— Il suffit, reprit le gouverneur. Écoutez-moi, Delille. Depuis neuf ans j'ai eu assez d'occasions d'apprécier votre noble caractère, pour remettre aujourd'hui sans crainte en vos mains ce que j'ai de plus cher, cet enfant. Si je succombe, c'est vous que je charge de le conduire à ma sœur qui habite Berlin. Me le promettez-vous ?

— Je vous le promets ! repartit le capitaine, qui serra avec affection la main que le gouverneur lui tendait. Celui-ci parut attendri ; il ouvrit les bras au prisonnier, l'embrassa cordialement, puis il lui fit signe de le laisser.

Le capitaine se retira avec Gustave, qui avait été le témoin muet de cette scène, et tous deux retournèrent au donjon. L'enfant éprouvait une terreur vague se mêlant à la joie que d'abord il avait ressentie, en songeant que son bon ami allait recouvrer la liberté, et pourrait si son père le permettait, l'emmener en France avec lui. Maintenant cet espoir s'évanouissait; il frissonnait à l'idée que la mort seule de son père pouvait opérer la délivrance du prisonnier, et qu'alors son bon ami le conduirait à Berlin, l'y laisserait auprès d'une tante qu'il ne connaissait pas du tout, et s'en irait seul en France. En pleurant il se jeta une seconde fois au cou de **M. Delille**, et il lui dit : « Je sais un moyen de faire entrer les Français dans la citadelle et d'obliger mon père de la rendre sans combat. Je leur montrerai le chemin....

—Malheureux! qu'oses-tu dire!» s'écria le capitaine en l'interrompant vivement. «Voudrais-tu trahir ton père et ton pays ?

— Trahir!.....» répéta Gustave stupéfait. « Non, je ne veux trahir personne; je veux seulement que mon père ne se fasse pas tuer par les Français, et que vous m'emmeniez avec vous au lieu de me conduire à Berlin.

— Gustave, faire ce que tu médites, ce serait trahir, je le répète, ton père et ton pays. Ton père, en disputant aux Français la possession de cette citadelle, remplit son devoir, un devoir sacré. Cette résistance sera peut-être inutile, mais le devoir la commande, et le devoir, Gustave, doit l'emporter toujours sur l'amour de sa propre conservation, et même sur nos affections les plus chères. Gustave, je suis reconnaissant de ton amitié pour moi; mais cette amitié je la repousserais avec mépris si je l'inspirais à un traître !»

Gustave baissa la tête avec confusion, et le capitaine Delille lui fit comprendre clairement alors que cette action, qu'il avait osé méditer de commettre, était une

de celles qui avilissent le plus
l'homme, et qu'on ne pouvait lui
pardonner d'en avoir eu l'idée,
qu'à cause de son inexpérience et
de son âge.

« Ton père, ajouta-t-il, ne suc-
combera peut-être pas dans cette
lutte ; s'il devient prisonnier à son
tour, que ce soit avec honneur, et
non en étant livré à l'ennemi par
son propre fils. S'il succombe, eh !
bien, Gustave, tu trouveras en moi
un appui, un second père ! »

Dans la journée, un parlementaire envoyé par les Français, se
présenta aux portes de la citadelle.
Il venait offrir une capitulation
honorable au gouverneur de la
place ; la garnison sortirait avec

armes et bagages, et serait libre de se diriger sur tel point que le gouverneur choisirait ; mais le général de Millau répondit qu'il avait juré de défendre le château de Wolgast, et qu'il le défendrait jusqu'au dernier soupir. Le parlementaire se retira, et le lendemain, au lever du soleil, fut livré un premier assaut.

Enfermé dans son donjon, le capitaine Delille sentait bouillonner son sang au bruit du canon battant en brèche les hautes murailles. L'honneur le tenait captif en ce lieu, bien plus fortement que n'auraient pu le retenir les verroux et les chaînes. Gustave venait à chaque instant lui rendre compte de ce qui se passait.

« Mon bon ami, disait-il, j'aurais bonne envie aussi, moi, de prendre un fusil et de tirer avec les autres, ou bien de mettre le feu à nos canons... Mais nos ennemis, comme les appelle mon père, ce sont vos compatriotes.. Mon Dieu ! pourquoi faut-il que nous soyons en guerre avec eux ! J'aime tant vos compatriotes !»

Pendant quatre jours les attaques furent presque continuelles et très vives. La garnison se défendait avec vaillance, et le gouverneur se montrait toujours aux postes les plus dangereux ; le cin-

quième jour au matin, une déto-
nation épouvantable se fait entendre; Gustave effrayé se jette dans
les bras du capitaine Delille, près
duquel il venait de se rendre, et
au même instant tous deux roulent
avec des décombres jusque dans les
fossés de la citadelle, dont les eaux
bourbeuses en s'ouvrant pour les
recevoir, amortirent leur chute.

CHAPITRE III.

LA DÉLIVRANCE.

GUSTAVE avait perdu connaissance. En revenant à lui, il se trouva assis sur la terre en pente au pied du parapet et au bord du fossé. Sa tête était appuyée sur la poitrine du capitaine Delille, également assis, et qui avait eu bien de la peine à arriver jusque-là. Au-dessus d'eux, s'élevaient dans les airs d'épais tourbillons de fumée mêlés de poussière, et des décombres de la partie de la citadelle que les Français avaient fait sauter à l'aide d'une mine. On entendait le canon gronder, le cliquetis des armes des combattans qui en étaient venus aux mains sur la brèche, les imprécations et les gémissemens des blessés ou des mourans, et des balles, des pierres tombaient autour d'eux comme la grêle en un jour d'orage.

Le capitaine Delille s'étant levé, aida Gustave à se lever à son tour, et tous les deux cherchèrent un lieu plus sûr pour y attendre la fin du combat; mais la terre s'éboulait sous leurs pieds; ils avaient à peine assez de place pour se tetir debout, le dos appuyé contre le parapet, et ayant au-dessous d'eux le fossé profond rempli d'une

eau stagnante. Le capitaine Delille n'avait pu en sortir avec Gustave, qu'il avait soutenu d'une main
en nageant de l'autre, qu'après des
efforts multipliés.

C'est dans cette situation pénible
qu'ils passèrent toute la journée,
grelottant de froid dans leurs habits
mouillés, et redoutant à chaque
instant de sentir la terre s'ébouler
sous leurs pieds. La fatigue vint
fermer les yeux de Gustave, que
le capitaine tenait fortement entouré de son bras droit, et la nuit
se passa péniblement pour ce dernier; comme s'était passée cette
longue, oui bien longue journée.

Vers le soir le bruit avait cessé,
et bientôt le capitaine n'entendit

plus que le pas mesuré des sentinelles veillant sur les remparts.
Mais ces sentinelles appartenaient-
elles aux Français, ou bien à la
garnison de la place? Devait-il ap-
peler en allemand ou en français?
Vainement le capitaine Delille
prêtait attentivement l'oreille l'ors-
qu'il entendait approcher la ronde:
le vent qui soufflait avec violence
ne permettait pas aux sons de la
voix humaine de parvenir jusqu'à
lui, et de distinguer si les sentinelles criaient *wer da!* ou *qui
vive!*

Aux premières clartés du jour,
le prisonnier porta un regard avide
vers l'une des tourelles au nord,
qu'il pouvait apercevoir du lieu

où il se trouvait... En y voyant flotter le drapeau français, son cœur bondit de joie ; tout fut oublié, oui, tout, et, d'une voix éclatante, il appela la sentinelle placée à peu de distance. La sentinelle s'avance, se penche au-dessus du parapet, et se récrie à la vue d'un homme et d'un enfant dans cette situation pénible et dangereuse.

« Camarade dit le capitaine Delille, procurez-nous une échelle. Nous sommes ici depuis hier ; cet enfant que je croyais endormi, me paraît maintenant être évanoui ; mon bras engourdi peut à peine le soutenir. »

La sentinelle appelle à son tour ; on vient au secours du capitaine et de Gustave; deux longues échelles, attachées l'une à l'autre, sont descendues jusque dans le fossé, et enfin le capitaine se trouve rendu sur les hautes murailles qui portent encore les traces du combat terrible livré le jour précédent. Alors il dépose à terre son fardeau, le pauvre Gustave, dont les joues sont couvertes de la pâleur de la mort. Un soldat soulève la tête de l'enfant, le force d'avaler quelques gouttes d'eau-de-vie, puis il présente la gourde au capitaine; celui-ci ne la refuse pas; il se sent ranimé par ce cordial d'un usage si fréquent parmi les militaires. Gustave ouvre les yeux; il ne sait où il est, et son regard se fixe avec inquiétude sur toutes ces figures étrangères; mais, à la vue de son ami, il se lève vivement et se jette dans ses bras en fondant en larmes.

Un groupe de soldats se pressait autour d'eux, et leur histoire, racontée en peu de mots par le capitaine Delille, volait de bouche en bouche. Le lieutenant du poste fait entrer au corps-de-garde le capitaine et son pupille, qui est dans un état de trouble et d'agitation extrême; on les aide à faire disparaître, du moins en partie, la vase dont ils sont couverts, et on les conduit au commandant actuel de la place.

Le capitaine fut accueilli avec les égards et la cordialité la plus franche ; le commandant écouta d'un air plein d'intérêt le récit de celui qui avait enduré les tourmens d'une aussi longue captivité, et appuyant la main sur la tête de Gustave, il dit avec bonté : «Ton père était un brave. Il a péri, comme je désire de périr un jour, au champ d'honneur....»

A ces mots Gustave éclate en sanglots. Le capitaine Delille, serrant son pupille entre ses bras, sentit ses yeux se mouiller, et il dit avec émotion : « Pauvre enfant ! » Les pleurs de l'orphelin redoublèrent.

«Oh ! ne m'abandonnez pas ! disait-il d'une voix entre-coupée. Emmenez-moi !... soyez mon père !»

« — Je serai ton père, répondit le capitaine, profondément touché; oui, je serai ton père, j'en atteste le Ciel et les mânes de l'auteur de tes jours!»

Un logement fut assigné au capitaine, maintenant libre, et à son pupille. Ce dernier, après s'être livré sans contrainte à une juste douleur, tomba enfin dans un profond sommeil. Pendant qu'il reposait, le capitaine retourna auprès du commandant pour tâcher d'obtenir que l'orphelin ne fût pas entièrement dépouillé de l'héritage de son père. Il s'adressait à un Français, ses réclamations furent accueillies, et le jour suivant on lui remit l'argent, les bijoux qui

avaient été trouvés dans le cabinet
du gouverneur, auquel le commandant voulut faire rendre, avec
la pompe militaire, les honneurs
funèbres. Le corps de ce brave
avait été découvert au milieu d'un
monceau de morts, et reconnu par
ceux des siens qui avaient survécu
à la prise du château.

Les prisonniers d'État, renfer-
més dans les cachots et dans les
donjons de la citadelle, ne pouvaient être rendus sur-le-champ à
la liberté; mais la générosité française se manifesta par de bons trai-
temens, et par l'annonce de leur
départ prochain pour le quartier-
général, où l'on prononcerait sur
leur sort.

Le capitaine Delille et Gustave
devaient aller aussi au quartier-
général établi à Stettin, pour y
demander des passeports et la
feuille de route sans lesquels ils
n'auraient pu se rendre à Berlin ni
ailleurs; mais avant d'entreprendre
ce voyage ils assistèrent l'un et l'autre, et avec une vive émotion, aux
derniers honneurs qui furent rendus, par les Français, aux restes
du général baron de Millau, gouverneur de la citadelle de Wolgast.
Les vainqueurs, le fusil abaissé,
accompagnèrent le corps jusqu'au
cimetière de la ville où on devait
l'inhumer. Rien n'était imposant
comme ce cortége qui descendait

lentement la montagne, tandis que les tambours se faisaient entendre à de longs intervalles, et que des salves étaient tirées du haut de la citadelle. Gustave, les yeux baignés de larmes, marchait derrière le cercueil porté par quatre militaires; le capitaine Delille l'accompagnait dans un morne silence.

Lorsque tout fut terminé, Gustave s'agenouilla sur la tombe nouvellement fermée, et pleura longtemps. Son père adoptif, debout à quelque distance, ne l'interrompit point dans ses regrets et dans ce pieux devoir envers celui à qui Gustave devait la vie; mais lorsque l'enfant se releva, il se trouva pressé sur la poitrine de son protecteur, de son ami, et ses larmes coulèrent avec moins d'amertume.

Avant de partir, Gustave n'avait à prendre congé que du bien petit nombre des soldats de la garnison que les hasards de la guerre venaient de rendre prisonniers des Français ; il ne connaissait personne dans la ville, où il n'était jamais venu qu'une ou deux fois avec son père, dont le caractère était peu communicatif. Le général de Millau, d'ailleurs, par la place qu'il avait occupée pendant si long-temps, avait été obligé à beaucoup de circonspection dans les connaissances qu'il aurait pu désirer de faire ; aussi Gustave n'éprouva-t-il d'autre regret, en sortant de la ville de Wolgast, que celui d'y laisser les cendres de son père.

CHAPITRE IV.

LE VOYAGE.

L'ÉPOQUE à laquelle Gustave et son père adoptif se mirent en route pour aller d'abord à Stettin, puis de là à Berlin, n'était pas celle la plus agréable pour entreprendre un voyage, en Allemagne surtout. L'hiver venait de finir, le printemps s'annonçait par des pluies abondantes et froides ; aucune trace de végétation ne se laissait encore apercevoir sur les haies, les arbres, ni dans les champs ravagés par les troupes nombreuses, qui ayant

parcouru le pays pendant l'hiver,
avait mis obstacle à tous les travaux. Le laboureur paisible, obligé
de fuir loin de sa chaumière avec
sa famille, était allé cacher dans
les bois ses seules richesses, ses ins-
trumens d'agriculture et ses trou-
peaux. Ah! la guerre est une terrible chose! Les combats, les vic-
toires, les conquêtes, sont plus
beaux dans les livres qu'en réalité;
car, dans les livres, les historiens
ne parlent que des hauts faits d'armes, des traits de bravoure et d'in-
trépidité des chefs et des soldats,
et ils négligent de dire combien de
victimes innocentes ont péri de misère loin de leurs habitations pil-
lées, brûlées par l'ennemi, quel-

quefois aussi par leurs propres soldats que la faim et les privations
de toutes les espèces ont exaspérés !
Voilà ce que le capitaine Delille
avait bien dit des fois à Gustave,
et, aujourd'hui, Gustave reconnais-
sait la vérité, la justesse des réflexions de son ami.

Tous deux arrivèrent sans acci-
dent à Stettin, où ils ne s'arrêtè-
rent que le temps nécessaire pour
obtenir les papiers dont ils avaient
besoin, et sans consacrer à parcourir cette belle ville, des momens biens précieux depuis que le
capitaine avait l'espoir de revoir
bientôt sa patrie, ils se remirent
promptement en marche pour la
capitale de la Prusse, qui n'est qu'à

trente lieues de Stettin. Des moyens de transport, pour lui et son pupille, avaient été accordés au capitaine Delille ; il voulait remettre intact, à la famille de Gustave, le dépôt sacré qui était maintenant tout ce que possédait le pauvre orphelin.

Mais à son arrivée à Berlin, où les Français étaient entrés depuis fort peu de temps, le capitaine fit inutilement des démarches pour découvrir ce qu'était devenue Mme de Bode, belle-sœur du général de Millau. Les familles les plus considérables avaient quitté la ville à l'approche des Français, et aucune d'entre elles n'était encore revenue.

Un mois se passa sans obtenir de résultat heureux, et enfin le capitaine, cédant aux instances de son pupille, consentit à l'emmener en France avec lui.

« Mon bon ami, disait Gustave, permettez-moi de vivre toujours, toujours auprès de vous. Vous m'aimez, mon bon ami, mais ma tante de Bode qui ne me connaît pas, mais mon oncle le colonel de Weliskie que j'ai vu seulement une fois ou deux quand j'étais tout petit, ils ne peuvent pas m'aimer. Je les gênerais peut-être.... Mon bon ami, emmenez-moi ; allons en France. Je travaillerai pour vous, mon bon ami, parce que je ne veux pas vous être à charge. Oh ! allons, je vous en prie , dans votre belle France !»

Le capitaine ne demandait pas mieux que de ne point se séparer de son élève , et cependant il faudrait s'en séparer s'il était rappelé au service...... Après bien des hésitations , il se décida à partir. Le capitaine avait des parens dans la ville de Sezanne où il était né ; s'il se trouvait obligé de courir encore les hasards de la guerre, il pourrait confier Gustave à sa famille, en attendant que l'occasion s'offrît de le rendre à Mme de Bode ou bien au colonel Weliskie. Tous les deux quittèrent donc Berlin pour se diriger vers la Saxe, et gagner les frontières de la France du côté de Mayence.

Ce voyage fut long; mais plus on avançait vers l'Occident, plus se faisait sentir la douce influence du printemps qui commençait à réchauffer le sein de la terre, à faire circuler la sève dans les arbres, dans les plantes, et à couvrir les champs de beaux tapis de verdure. Avec quelle attention, avec quel empressement Gustave guettait ou suivait les progrès, tantôt lents et tantôt rapides, du réveil de la nature! Les bourgeons nombreux des arbres ornaient quelquefois leur cime d'une teinte d'un beau rouge ou d'un violet foncé; d'autres fois, c'étaient les boutons des fleurs des arbres fruitiers, qui, paraissant les premiers, donnaient aux branches, s'élançant de toutes parts vers le ciel, une couleur rosée ou rose vif; en quelques cantons ces branches, déjà fleuries, mais sans verdure, offraient à l'œil charmé de longs panaches de neige, et Gustave s'écriait: «Mon bon ami, que c'est beau!» Il ne témoigna au contraire aucune admiration pour les monumens, pour les édifices publics des villes qu'on traversait.

«Ce sont des pierres, toujours des pierres, disait-il; seulement elles sont mieux disposées que celles de la citadelle de Wolgast : mais j'aime bien mieux ces vallons, ces champs à pertes de vue, ces beaux arbres qui vont devenir tout verts, et ces haies où l'on aperçoit çà et là de petites pointes de verdure. Mon bon ami, quand tout cela est couvert de feuilles, ce doit être magnifique ! »

Les voyageurs avaient déjà traversé la Saxe, la Hesse, et ils touchaient aux portes de Francfort sur le Rhin, lorsque Gustave, marchant à côté du capitaine Delille, dans un petit bois où déjà quelques arbrisseaux avaient revêtu leur parure verdoyante, sentit son odorat agréablement flatté par un parfum pénétrant et doux. Il s'arrête surpris. Le capitaine Delille sourit, et lui dit de chercher dans l'herbe.

Gustave obéit, et bientôt il trouve une quantité de petites fleurs d'un violet foncé, se cachant sous de belles feuilles qui forment en quelques endroits de grosses touffes, et dans d'autres endroits s'étendent en un épais tapis vert. Gustave cueille un grand nombre de ces fleurs; il respire avec délices leur doux parfum, et il s'écrie : « Ah ! mon bon ami, nous sommes en France, je le vois bien !»

— Mon cher Gustave, répondit le capitaine, il y a des violettes, du jasmin, des roses, ailleurs qu'en France. La nature n'a pas été prodigue, pour la France seule, de ses plus beaux présens; dans toute l'Europe, dans presque toutes les contrées du monde, on trouve des arbres, des fleurs, des fruits ; seulement ils sont en plus ou moins grand nombre ; suivant le climat : c'est au midi surtout que la nature se montre riche, féconde dans ses productions, abondante et variée dans les superbes couleurs dont elle pare les végétaux et les animaux même. Dans le nord, au contraire, tout est aride et sombre, et la plupart des pays situés sous la zône glaciale, ne produisent même pas le sapin pyramidal ni le triste mélèse ; une mousse grise et sèche tapisse seule les noirs rochers, et en quelques endroits ils en sont totalement dépouillés. Mais l'heureux climat de la France, son sol riche

et fécond, la rendent, en quelque
sorte, le jardin de l'Europe, et
l'on y voit prospérer et fleurir les
plantes indigènes et celles des autres contrées du continent, comme
celles qui nous ont été apportées
des climats lointains situés sous les
brûlans tropiques. La France est
donc le paradis terrestre pour l'a-
mi, pour l'admirateur de la nature,
comme aussi pour celui qui aime à
cultiver sa raison, à étendre les fa-
cultés de son intelligence, et à
jouir des plaisirs que procure l'esprit de sociabilité qui règne en
France, avec la politesse et la douce
urbanité, beaucoup plus qu'ailleurs.

— Mon bon ami, dit Gustave,

je comprends maintenant, bien
mieux qu'auparavant, combien votre captivité à dû vous paraître
longue et triste au château de Wolgast. Mon Dieu! quand on est né
dans un aussi beau pays, comment
peut-on le quitter pour aller faire
la guerre et s'exposer à devenir
prisonnier dans le nord, où il n'y a
ni fleurs ni verdure !

— Mon cher Gustave, répondit le capitaine, lorsque j'ai pris
les armes, ma patrie était menacée
par toute les puissances de l'Europe. Il s'agissait de la défendre et
non point de faire des conquêtes :
aujourd'hui elle n'a plus besoin
de mon bras, je rentrerai donc

avec plaisir dans l'obscurité de mes foyers; j'y entrerai avec d'autant plus de plaisir, que l'infortune m'a appris tout ce que vaut ce que j'avais quitté sans trop de regret, et ce que je vais retrouver avec un cœur pénétré de reconnaissance pour le souverain dispensateur des biens et des maux. Gustave, pour être vraiment heureux, il faut avoir connu le malheur; pour sentir combien est chère, combien est belle sa patrie, il faut l'avoir quittée et avoir éprouvé la crainte de ne pas la revoir!

—Ah! mon bon ami, si ce n'est le souvenir de mon père, je vous assure que je n'en emporte aucun d'agréable de mon pays, et que je n'aurai jamais l'envie d'y retourner!

— Gustave, tu es trop jeune pour éprouver cette envie; mais un temps viendra où tu voudras revoir, au moins une fois, Wolgast, et te retrouver dans les lieux où tu es né, ne fût-ce que pour payer un nouveau tribut de larmes et de regrets à l'auteur de tes jours !»

L'orphelin soupira, et il sentit que son ami disait vrai.

Vers la fin de la journée, les voyageurs arrivèrent à Francfort. Gustave fut frappé de l'aspect riant de cette ville. Elle a un air de grandeur, d'opulence et de liberté, qui annonce l'état prospère dont jouis-

sent ses habitans. Des jardins en-
tourés de murs de peu de hauteur,
séparent les maisons dans les quar-
tiers les mieux aérés et les mieux
bâtis ; au-dessus de ces murs s'élevaient partout les abricotiers, les
pruniers, offrant à l'œil leurs riches
panaches de fleurs. Gustave s'arrêtait à chaque pas ; il respirait à
longs traits l'air doux et pur du
printemps. Une vie nouvelle semblait circuler dans ses veines.

Le lendemain on se remit en
route, et le surlendemain on arri-
va aux bords du Rhin. Gustave
avait déjà vu et traversé bien des
rivières et bien des fleuves, mais
aucun ne lui paraissait comparable
à ce fleuve magnifique ; et plusieurs

fois il s'arrêta sur le pont de ba-
teaux qui réunit les deux rives,
pour admirer le beau paysage se
déployant à ses regards, à droite,
à gauche, devant lui, et pour jouir
du beau spectacle des barques char-
gées de monde, descendant ou re-
montant le Rhin.

A Mayence on prit la diligence
pour se rendre à Châlons; car les
voyageurs ayant fait la route tantôt sur des voitures de transport,
tantôt à pied, étaient un peu fatigués et désiraient d'abréger le reste
du voyage. Ce fut donc en courant,
pour ainsi dire, que Gustave tra-
versa la Lorraine et une partie de
la Champagne. Il remarqua avec
étonnement que, partout, la na-

ture n'était pas prodigue de ses fa-
veurs; que, pour certains cantons
de la France, elle se montrait avare
tout comme ailleurs, et que ce n'é-
tait pas sans raison qu'on avait
donné le vilain nom de *Pouilleuse*
à la partie peu fertile de la Champagne où était né son ami, son père
adoptif, le capitaine Delille.

CHAPITRE V.

LES FLEURS.

Bien des changemens avaient eu lieu dans la famille du capitaine Delille, depuis douze années qu'il l'avait quittée. Ses parens les plus proches étaient morts; les autres s'étaient éloignés de Sezanne, et ceux qui habitaient encore cette ville, lui firent sentir assez, par leur accueil, qu'il n'avait rien à attendre d'eux. Le capitaine ne s'arrêta donc pas long-temps à Sezanne, et se remit bientôt en route pour

Paris, où l'appelaient ses affaires. Il fallait faire des démarches pour obtenir, ou sa réforme, ou sa retraite; car, maintenant, il souhaitait de goûter quelque repos, et de ne pas se séparer de son élève. Il ne pouvait le confier à personne, puisque les parens sur lesquels il avait compté n'existaient plus.

Dans une petite ville, à dix lieues de Paris seulement, les voyageurs descendirent à l'auberge où l'on devait dîner; mais, au moment de se mettre à table, Gustave qui avait quitté son ami en sortant de voiture, ne paraissant pas, le capitaine s'informa avec inquiétude de ce qu'il était devenu.

« Il est dans le jardin, » répon-

dit une des servantes, et elle ouvrit la porte de l'allée qui con-
duisait au jardin fort bien entre-
tenu, situé derrière l'auberge. Le
capitaine cherche et apppelle Gustave, et, au détour d'une allée, il
l'aperçoit à genoux devant un rosier magnifique couvert de fleurs.

« Gustave, dit-il, que fais-tu
là ? »

Gustave se lève et vient se jeter
dans les bras de son ami en s'é-
criant, avec les yeux pleins de
larmes : « O mon bon ami, que
c'est beau !... Mon Dieu ! que c'est
beau, ces roses ! Je priais pour
mon père, mon bon ami ; je priais
Dieu de lui donner dans le ciel la
joie que je viens d'éprouver en

voyant des roses! Mon bon ami, les anges, n'est-ce pas, ont des couronnes de roses?

—Oui, Gustave; mais de roses sans épines; au lieu que celles-ci en ont de bien piquantes. Vois.»

Gustave ne les avait pas encore remarquées.

« Mon bon ami, dit-il, pourquoi cette belle fleur est-elle ainsi garnie d'épines? Pourquoi y a-t-il des épines cachées sous ce beau feuillage?

— Mon cher Gustave, c'est comme si tu me demandais pourquoi nos plus vives jouissances sont presque toujours accompagnées d'amertume!

— Mais les roses qui couronnent

les anges n'ont pas d'épines, mon bon ami !

— Non , Gustave ; de même que les jouissances accordées dans l'autre vie à l'honnête homme , sont sans aucun mélange d'amertume. »

Gustave écoutait d'un air réfléchi ; ses regards étaient toujours attachés sur le magnifique rosier : il aurait bien voulu cueillir seulement une ou deux de ces belles fleurs ; mais il savait qu'on ne doit point toucher à ce qui ne nous appartient pas.

Le capitaine, en revenant vers l'auberge, lui fit remarquer du jasmin, du chèvre-feuille couvrant un berceau, au pied duquel il y

avait du réséda , des pensées , et
les yeux de Gustave brillaient de
plaisir ; mais plus d'une fois il se
retourna pour regarder le beau rosier, le seul qui fût encore en fleurs,
et dont le parfum l'avait enivré.

Plus on approchait de Paris, plus
la campagne présentait un aspect
enchanteur. Partout de belles maisons environnées de jardins où s'é-
levaient l'acacia rose et blanc, le
cytise, ou faux ébénier, le *ba-
guenaudier* dont les fleurs, for-
mant de longues grappes jaunes,
retombent avec tant de grâce au
milieu d'un élégant feuillage ; le
maronnier aux grappes de fleurs
pyramidales , le tilleul couvrant
de son ombre de belles allées bien

alignées, et dont la fleur, peu re-
marquable en elle-même, répand
dans l'air de si doux parfums. Au-
dessus des haies brillantes de verdure, des rosiers à hautes tiges offraient à l'œil de gros bouquets de
fleurs; mais Gustave trouvait ces
rosiers moins beaux que ceux qui
doivent tout à la nature et que l'art
n'a pas arrondis en boules; il n'aimait pas du tout la symétrie, et
cependant il fut saisi d'admiration
lorsqu'à son arrivée à Paris, son
ami le conduisit au jardin des Tui-
leries. On était au commencement
de juin, à cette époque de l'année
où la verdure est partout émaillée
de fleurs, où partout les fleurs éta-
lent leurs riches couleurs, et trans-

forment les jardins en séjours enchantés.

Le Luxembourg plut moins à Gustave ; mais, au Jardin des Plantes, tant de fleurs inconnues s'offrirent à ses regards, qu'il ne trouvait pas d'expressions pour peindre ce qu'il sentait si bien. Il éprouvait le plus grand étonnement en voyant de quelle manière la nature sait varier à l'infini les formes, les couleurs, les parfums ; et, avec un cœur pénétré de reconnaissance, il remerciait le Créateur de l'univers d'avoir donné à l'homme tant de sources de jouissances, tant de sujets de bénir sa magnificence et sa bonté.

Gustave témoignait un tel amour

pour la campagne, un tel désir de
pouvoir se livrer aux travaux du
jardinage, que son père adoptif,
après une mûre réflexion, se décida à acheter, en son nom, une
petite habitation dans les environs de Paris, où ils pussent vivre à peu de frais; car la fortune
de Gustave n'était pas considé-
rable ; les bijoux qui avaient ap-
partenu à son père valaient peu de
chose, et le capitaine ne put réa-
liser, en les vendant, que seize mille
francs.

« Gustave, dit-il à son élève,
voilà ce que tu possèdes : moi, je
ne possède rien; mais j'ai droit à
une retraite qui me sera bientôt
accordée, je l'espère. En attendant

que je puisse me suffire, tu me
donneras l'hospitalité chez toi. Dis,
le veux-tu ?

— Si je le veux, mon bon ami,
mon père ! s'écria Gustave avec feu.
Est-ce que ces seize mille francs ne
sont pas à nous deux ?... Mon bon
ami, c'est bien de l'argent que
seize mille francs ! »

Le capitaine sourit en disant :
« C'est bien peu, au contraire ;
mais ce sera assez si nous savons
en faire un bon emploi, et nous
procurer, par notre travail, des
moyens d'existence. »

Avec son élève, déjà habitué à la
fatigue, il se mit à parcourir à pied
les environs de Paris. Ces promena-
des offrirent encore à Gustave plus

d'une occasion de s'extasier sur l'a-
bondance, la beauté et la variété
des productions de la nature. Les
simples fleurs des champs, les
bleuets, les coquelicots, le liseron,
se mêlant partout à l'herbe et au
blé; la paquerette ou marguerite
émaillant les prairies; le chèvre-
feuille sauvage, la troëne, la clé-
matite, dont le parfum est à-la-fois
si doux et si dangereux, tout atti-
rait ses regards, tout le charmait
et lui fournissait de nouvelles occasions d'admirer la bonté du Créateur et la fertilité du beau climat
de la France ; mais la rose était
toujours l'objet de sa prédilection.
Gustave s'émerveillait en décou-
vrant combien d'espèces variées

offre la plus belle des fleurs : cependant, à la rose de Provins, d'une si riche couleur de pourpre ; à la rose capucine, dont les pétales sont en dedans d'un écarlat foncé, et en dehors d'un beau jaune ; à la rose thé, à la rose jaune, à celle du Bengale, si élégante et de toutes les saisons, Gustave préférait la rose dite *à cent feuilles;* celle-ci était vraiment à ses yeux la reine des fleurs, et son parfum l'emportait, à son gré, sur tous les autres.

« Mon bon ami, dit Gustave, un jour que son père adoptif et lui s'étaient rendus, sur les indications des Petites-Affiches, au village de Fontenay-aux-Roses, près de Paris, c'est ici qu'il faut venir demeurer. » Gustave avait été charmé, tout d'abord, en voyant en ce lieu des champs entiers de sa fleur favorite. «Mon bon ami, ajouta-t-il, vous allez acheter, n'est-ce pas, la maison et le jardin annoncés dans les Petites-Affiches ?...

—Voyons-les d'abord, répondit le capitaine,» qui ne se passionnait pas comme Gustave, et qui devait agir avec d'autant plus de prudence, que la somme dont il pouvait disposer n'était pas à lui.

La maison annoncée n'était qu'une chaumière composée de deux pièces au rez-de-chaussée, et de deux autres pièces au premier ; mais le jardin, fort grand, était en plein rapport, couvert de fleurs, et à l'extrémité se trouvaient des couches en bon état, et une serre-chaude vitrée, peu grande, mais bien montée.

«Que nous serons bien ici, mon bon ami! disait Gustave. Voyez, on peut diviser cette pièce en deux: dans celle du fond couchera notre garçon jardinier, celle de devant fera notre salle à manger, l'autre pièce, ce sera notre cuisine, et en haut nous logerons tous les deux.»

Le capitaine Delille sourit, et répondit que Gustave avait raison.

Après avoir tout examiné, tout calculé, et le prix qu'on demandait pour la maison, et le revenu qu'on pouvait tirer des produits du jardin, le capitaine crut ne point faire

une mauvaise acquisition en ache-
tant la chaumière et le terrain pour
douze mille francs. Sur l'argent qui
restait, il fallait prendre de quoi
faire faire les réparations les plus
urgentes, puis se procurer des
meubles, des provisions et des vêtemens pour l'hiver. Tous les frais
prélevés, Gustave se trouva à pos-
séder encore deux mille francs, qui
furent placés chez un notaire, et,
au mois d'octobre suivant, le capitaine et son pupille vinrent prendre possession de leur nouvelle demeure.

CHAPITRE VI.

LES TRAVAUX ET LES ÉTUDES.

Ce fut un jour de fête que celui
où Gustave put recevoir *chez lui*,
pour la première fois, son père
adoptif. Avec une joie d'enfant, il
parcourait *sa* maison où ne régnait
point le luxe, mais l'arrangement,
la propreté et une sorte d'aisance.
De la fenêtre de la petite salle à
manger, on découvrait tout le jardin. Une femme du village avait
été retenue pour faire le ménage et
pour préparer les repas du capitaine, de Gustave et du garçon jar-

dinier, que les propriétaires précé-
dens leur avaient donné comme
un homme fort entendu et comme
un très bon sujet. Cet homme était
Allemand ; il se nommait Fritz, et
c'était avec son secours que Gustave et le capitaine devaient ap-
prendre tout ce qui est relatif à la
culture d'un jardin.

Fritz habitait la France depuis
six ans ; il y était venu avec un officier français ; cet officier étant
mort, Fritz avait repris son ancien
métier de jardinier, auquel il s'entendait à merveille.

Franc et loyal comme un véritable Allemand, il devint d'une
grande utilité à Gustave et au capitaine, qu'il mettait peu à peu au

fait du jardinage, et dans lesquels
il trouvait deux écoliers aussi in-
telligens qu'actifs. Gustave était
enchanté de sa nouvelle manière
de vivre. Il avait sans cesse à la
main la bêche, le râteau, ou bien
il poussait la brouette pour trans-
porter le fumier d'un bout du jardin à l'autre, en s'étonnant pourtant qu'il fallût employer une chose
aussi sale que le fumier, pour pro-
duire les belles fleurs qui exhalaient de si doux parfums. Fritz lui
apprenait une foule de petits secrets pour varier à l'infini les productions déjà si variées de la nature; il lui enseignait l'usage de la
greffe, qui couvre de fleurs et de
fruits, aussi différens dans leurs

couleurs que dans leurs saveurs,
les arbres nommés *sauvageons*. La
sève productive, passant dans les
branches implantées, à l'aide de la
greffe, sur leur tronc vigoureux,
vient nourrir, non plus des fleurs
ou des fruits sauvages, mais des
fleurs ou des fruits aussi beaux à
l'œil que savoureux au goût. Fritz
enseignait encore à Gustave l'art
de multiplier les plants de rosiers
et les ceps de vigne, en les *provi-*
gnant, c'est-à-dire en couchant une
ou plusieurs branches du plant
principal, nommé *mère*, dans la
terre, où on la fixe avec de petits
morceaux de bois; cette branche
pousse à-la-fois, l'année suivante,
des racines, des branches, des feuil-

les, des bourgeons, et alors on la détache, d'un coup de serpette, de la *tige - mère*, qui continue elle-même de pousser, de fleurir et de donner encore des plants.

La saison des roses était passée; mais pourtant le jardin ne se trouvait pas encore dépouillé de toute parure. Le long des allées s'élevaient de grosses touffes de xéranthème pourpre, citron, lilas, qui semblaient destinées à remplacer les belles marguerites-reines, de couleurs si brillantes et de nuances si variées; le dalia au magnifique feuillage, se couvrait de fleurs soutenues par une tige flexible, et qui rivalisaient de beauté avec les plus belles fleurs de l'été. L'éternelle pourpre, l'immortelle jaune, fleurissaient aussi çà et là au milieu des rosiers du Bengale, brillant de jeunesse et de fraîcheur comme aux jours du printemps ; mais toutes ces fleurs sans parfum, plaisaient beaucoup moins à Gustave que celles qui avaient frappé ses regards et flatté si agréablement son odorat lors de son arrivée en France. Il admirait leur élégance, la richesse de leurs couleurs, mais avec bien moins d'enthousiasme qu'il n'avait admiré la rose surtout, et il attendait impatiemment le retour de la belle saison pour respirer, avec l'air du matin, le parfum de la reine des fleurs.

La serre-chaude était remplie

d'orangers, de jasmins d'Espagne, de lilas de Perse, de géranium de plusieurs espèces, d'héliotropes, de cactus des Indes, et d'une quantité de plantes exotiques que Gustave avait vues dans les serres du Jardin des Plantes; il les avait trouvées fort belles, mais en remarquant que, pour la plupart, ne régnait point entre leur feuillage, leur forme et leurs fleurs, cet heureux accord, cette élégance, qui donnent tant de charme et de beauté aux plantes de l'Europe.

« Mon bon ami, disait-il quelquefois, elles me font l'effet de gens richement parés, mais parés sans goût, et qui, n'ayant pas l'habitude de porter de beaux vête-

mens, ne savent pas les assortir,
et mettent, par exemple, des bas
bleus avec un habit de velours rouge
tout brodé d'or ; au lieu que dans
les plantes indigènes, le feuillage
est fait pour la fleur, la fleur pour
le feuillage, et tout est bien joli.

— Ta remarque est fort juste,
répondait le capitaine Delille, et je
suis bien aise, Gustave, que tu l'aies
faite de toi-même. Cela me prouve
que tu observes et que tu réfléchis.
Mais, dis-moi, n'as-tu point été
frappé aussi de la beauté que donnent aux plantes, même les plus
communes, les soins d'un habile
jardinier ?

—Oui, sans doute, mon bon ami.

— Et cette observation n'a pas

excité tes réflexions ; elle ne t'a pas fait faire quelque rapprochement entre les hommes et les plantes ?»

Gustave rougit et baissa la tête d'un air confus ; mais bientôt la relevant, il dit avec soumission : «Mon bon ami, je reprendrai avec vous, quand vous voudrez, les études dont nous nous occupions à Wolgast.

— Ce sera dès que tu le voudras toi-même, mon cher Gustave. Que deviendrions-nous, si nous ne nous assurions pas d'avance les moyens d'occuper agréablement notre esprit, lorsque la mauvaise saison, lorsque les longues veillées de l'hiver vont venir ? Alors

seront en partie suspendus les
travaux du jardinage, et l'ennui
nous assiégera si nous ne pre-
nons pas des moyens certains de le
chasser. Gustave, tes goûts te portent à vivre à la campagne, mais à
la campagne on s'ennuie quand on
ne sait recourir, pour se distraire,
qu'aux exercices du corps. D'ailleurs, mon ami, ton sort n'est pas
encore décidé ; tu ne peux disposer
de toi sans l'aveu de ta famille ; il
faut qu'elle n'ait pas à rougir de
Gustave, si elle juge à propos de
le rappeler auprès d'elle.

— Mon bon ami, dit Gustave
les larmes aux yeux, ne parlez pas
de la sorte, je vous en prie. Je

veux ne jamais vous quitter ; je veux rester toujours en France, et être toute ma vie jardinier.

— Gustave, l'homme propose et Dieu dispose, comme le dit un vieux proverbe. Travaille à te mettre en état de n'être déplacé nulle part, et tu te trouveras partout à ta place. »

Dans l'un des voyages que le capitaine faisait souvent à Paris pour ses affaires, il s'occupa de choisir quelques-uns des livres nécessaires pour continuer l'éducation de Gustave, qui n'avait encore qu'une légère teinture de l'histoire et de la géographie, mais qui parlait avec une égale facilité le français et l'allemand : facilité entretenue par l'ha-

bitude qu'on avait prise tout d'a-
bord de causer ensemble ou avec
Fritz dans ces deux langues indis-
tinctement. A ce petit nombre d'ou-
vrages élémentaires, le capitaine
en joignit d'autres de littérature;
les *Bucoliques de Virgile*, tra-
duites en vers français par l'abbé
Delille, le poëme des *Jardins*, les
Trois Règnes de la Nature, celles
des productions de Bernardin de
St-Pierre qui pouvaient le mieux
convenir à l'âge de Gustave, et enfin une *Flore Française* et un petit *Traité de Botanique*. Le capitaine fit, en outre, l'emplette de
tout ce qui était nécessaire pour
dessiner, colorier, et de quelques-
uns des beaux modèles de fleurs

sortis du crayon des Van - Spaen-
donck, des Redouté et des Vandel.

Gustave, qui n'avait point accompagné cette fois son père adoptif, fut agréablement surpris en
voyant arriver toutes ces richesses.
Il commençait à en sentir d'autant
mieux le prix, que le temps, devenu tout-à-coup fort pluvieux,
avait obligé de suspendre les travaux de la fin de l'automne; travaux si nécessaires pour préparer,
pour l'année suivante, les récoltes
de fleurs ou de fruits.

Au lieu de passer maintenant les
soirées à tresser des paillassons pour
couvrir les couches vitrées et les
espaliers, afin de les mettre à l'a-
bri de la gelée, Gustave, laissant

ce genre de travail à Fritz, se mettait avec ardeur à dessiner, à copier ces belles fleurs reproduites par un crayon habile; il voulait, au printemps, être en état de les dessiner d'après nature avec leurs belles couleurs, déjà il marquait en idée la place qu'occuperait chaque tableau; il prétendait orner de peintures la maison du haut en bas, mais les plus belles seraient placées dans la chambre de son bon ami : car toujours l'âme reconnaissante de Gustave avait pour première pensée et pour premier objet d'affection, celui qui lui tenait lieu de père et de famille.

Pendant qu'il dessinait, le capitaine faisait la lecture. Il permet-

tait à Gustave de l'interrompre
pour communiquer ses remarques,
et Fritz, à qui la même permission
était accordée, ajoutait aux observations des auteurs de la *Flore
française* ou du *Traité de Botanique*, les observations pratiques
qu'il devait à l'expérience. Sans
effort, Gustave voyait s'étendre le
cercle, jusqu'alors bien borné, de
ses connaissances; il s'instruisait
sans y songer, et chaque soir il se
couchait le cœur et l'esprit satisfaits
de l'emploi qu'il avait fait de chacune des heures de la journée :
mais toujours, avant d'aller goûter les douceurs du sommeil, il accompagnait Fritz dans la tournée
que celui-ci faisait dans le jardin

et dans la serre, pour voir si les
plantes qui craignaient la gelée,
avaient été mises suffisamment à
l'abri du froid, et pour s'assurer si
le poële qui répandait, à l'aide de
plusieurs tuyaux de terre, une cha-
leur douce dans la serre, n'avait
pas besoin d'être une seconde fois
garni de bois et de mottes. Le chien
de basse-cour les suivait dans
cette promenade nocturne fort peu
agréable lorsque la neige tombait,
lorsque le vent du nord soufflait ;
Fritz la répétait pourtant deux ou
trois fois dans la nuit, quand la
température, se refroidissant de
plus en plus, lui donnait de l'inquiétude pour ses plantes qu'il aimait, pour ainsi dire, comme un

père aime ses enfans; mais alors
Gustave n'était point de la promenade, le capitaine Delille ayant
formellement déclaré qu'il ne voulait pas que son élève s'exposât à
se rendre malade, en quittant un
lit bien chaud et une chambre bien
fermée, pour aller essuyer sans
nécessité les froidures piquantes
des nuits d'hiver.

« Bon Dieu ! disait Gustave,
quand il entendait Fritz se lever
et ouvrir la porte du rez-de-chaussée, les gens riches auxquels nous
fournissons des fleurs, ne se dou-
tent guère de toute la peine qu'il
faut prendre pour en faire venir,
et pour les conserver l'hiver. Ce
pauvre Fritz ! le voilà qui se met

en route pour la seconde fois!....
C'est qu'il fait un froid ! » Et Gustave, en grelottant, s'enveloppait
dans ses couvertures; puis il avait
honte de grelotter ainsi, tandis que
le pauvre Fritz, sans hésiter, allait s'exposer à un froid bien plus
vif; et le lendemain il lui demandait avec amitié : «Comment te
portes-tu, Fritz ? Il a bien glacé
cette nuit ?

— Oui, beaucoup glacé, mais
pas dans le serre. Moi avoir fait
di feu trois fois; nous avoir bientôt beaux lilas et jasmins d'Espagne pour Paris. » Et il riait de la
compassion que lui témoignait Gustave pour le froid qu'il avait enduré : «Sur le terre, disait-il,

rien avoir sans peine, chacun travailler : si avoir froid pour aller
dans le serre, souffler dans son
doigt, et revenir dormir dans bon
lit bien chaud; sur le terre rien
avoir sans peine ! »

CHAPITRE VII.

LE PETIT JARDINIER NATURALISTE.

LA saison de l'année la plus triste, le sombre et froid hiver, s'était
écoulée rapidement; on touchait
aux premiers jours du printemps;
aux perce-neiges avaient déjà succédé les primevères; puis les oreil-
les d'ours aux pétales de velours;
les boutons du crocus commen-
çaient à paraître; les pointes vertes
des ognons de tulipes et de jacinthes
perçaient la terre, et les lilas se
couvraient de bourgeons. Gustave,
attentif au réveil de la nature, vi-

sitait bien des fois chaque jour les
planches qu'il avait semées, les
couches où il avait planté des bou-
tures, les tiges-mères qu'il avait
entourées de nombreux élèves en
couchant leurs branches dans la
terre. Dès que le soleil paraissait,
il se hâtait d'aller lever les châssis
des couches vitrées, et de soulever,
à l'aide d'une pierre, les cloches
de verre, afin de laisser pénétrer
peu à peu l'air balsamique et pur, en
même temps que les doux rayons
du soleil. Sa joie était extrême en
voyant les progrès rapides de chaque plante. « Mon bon ami,
disait-il, je les vois pousser, je
vous assure!... Oh! que tout cela
est amusant et joli! Je plains bien

Dessiné et Gravé par Montaut.

Oui, mon bon ami, que le printemps est beau en France!

ceux qui sont enfermés dans les villes, et qui n'ont, pour perspective, que des maisons, des toits ou des rues sales!... Fritz prétend que nous aurons de la primeure, des narcisses, des tulipes, des jacinthes, avant tous les autres, et du lilas en abondance. J'ai déjà cueilli plein deux grands paniers de violettes... O mon bon ami, que le printemps est beau en France! »

Bientôt en effet le jardin offrit l'aspect le plus agréable. Tantôt Gustave restait en admiration devant les beaux lilas dont les panaches se balançaient mollement au-dessus d'un buisson de verdure ; tantôt il contemplait ses tulipes, ses jacinthes brillant des plus vives couleurs; d'autres fois il s'arrêtait devant de longues planches de rosiers du Bengale, couverts à-la-fois de fleurs et de boutons.... puis il soupirait de regret en voyant Fritz faire impitoyablement main-basse sur ces belles fleurs qui leur avaient coûté tant de soin, en former d'énormes bouquets que les marchands, se rendant à Paris, venaient acheter, et chargeaient sur leur voiture sans plus de précaution que s'ils eussent manié des bottes de foin.

«Que les gens riches sont heureux!... disait alors Gustave. Ils jouissent du fruit de nos peines sans en avoir pris aucune!

— Mon ami, répondait le ca-

pitaine Delille qui aidait Fritz à
moissonner les fleurs si chéries de
Gustave, si tu savais ce que c'est
que le bonheur de la plupart des
gens riches, tu le trouverais peu
digne d'envie. Sans doute la culture de ces fleurs t'a coûté bien
des travaux; mais, dans ces travaux même combien tu as trouvé
de jouissances! Ce que tes mains
ont semé ou planté, s'est déve-
loppé sous tes yeux; tu as goûté le
plaisir que donne toujours la réus-
site en quelque genre que ce soit;
tu t'es miré, pour ainsi dire, dans
ton ouvrage; tu as admiré avec
les yeux de l'affection, ces plantes
que tes soins ont dérobées aux ravages de l'hiver; tu les as vues

s'épanouir; le premier tu as res-
piré leurs doux parfums, et tu t'es
extasié sur leur beauté.... Mon
ami, les gens riches qui les font
acheter pour orner leurs appartemens somptueux, les regarde-
ront peut-être sans les voir; ils
ne s'apercevront du parfum qu'elles répandent, que pour éprouver
la crainte d'en être incommodés;
et si leurs yeux s'arrêtent un instant sur les beaux vases qu'elles
vont remplir, ce sera avec l'ennui et le manque d'idée ou de plaisir qui toujours accompagnent la
satiété.

— Vous avez raison, mon bon
ami; mais ce n'est pas là un motif
de consolation. J'ai du chagrin en

pensant qu'on ne fera pas attention
à ces pauvres belles fleurs que moi
j'ai tant de plaisir à regarder!»

Et en soupirant, Gustave mettait en pots des violettes, des rosiers, des jacinthes, des narcisses,
en leur souhaitant tout bas de
tomber dans les mains de quelque
personne peu riche, qui pût prendre plaisir comme lui à les cultiver,
à les débarrasser de leurs mauvai-
ses feuilles, des herbes parasites,
plutôt que de devenir l'ornement
de quelque beau salon, où on les
laisserait périr faute d'un peu d'eau
pour humecter leurs racines dessé-
chées.

Le regret qu'avait éprouvé Gustave en voyant partir pour le mar-

ché ses plus belles fleurs, il l'é-
prouva encore dans la saison des
fruits, mais avec moins de vivacité cependant, parce qu'il n'était
pas gourmand. Il trouvait superbes
et excellens les fruits de toute espèce qui venaient dans son jardin;
mais il savait se priver, afin que
son bon ami ne se privât pas.
Chaque matin il apportait ce qu'il
fallait pour garnir la maison de
fleurs et pour composer un joli
dessert; il témoignait la joie la plus
vive lorsque son bon ami acceptait
l'offrande sans faire aucune observation.

« Vous me donnez du chagrin,
disait-il au capitaine Delille, quand
vous me dites, mon bon ami.

qu'il aurait mieux valu vendre telle ou telle chose que de la garder pour votre usage. Ce que j'ai de meilleur doit être pour vous, mon père; pour vous qui, à cause de moi, vivez ici dans cette chaumière, consacrant tout votre temps à me donner de l'instruction. Je regretterais bien de n'être pas plus riche, si je ne savais que vous faites peu de cas des beaux appartemens et des beaux vêtemens........ Mais au moins laissez-moi vous offrir ce que j'ai de meilleur.

— Tu es un excellent enfant, » répondait le capitaine en l'embrassant, et il ne refusait plus les cadeaux de Gustave.

On lisait maintenant au-dessus de

la porte du jardin, fermée pendant le jour seulement par une barrière en treillage : *Gustave de Millau, jardinier fleuriste.* C'était le meilleur peintre de Fontenay qui avait peint ces lettres, ayant près d'un pied de haut ; elles étaient noires et se dessinaient à merveille sur la couleur de badigeon qui couvrait le dessus de la porte. Gustave était allé souvent les admirer, et chaque fois qu'il revenait de la promenade avec son ami, il s'arrangeait de façon à rentrer par-là, afin d'avoir le plaisir de lire et de relire : *Gustave de Millau, jardinier fleuriste.*

Pendant tout l'été, deux garçons jardiniers furent adjoints à Fritz, qui ne pouvait pas tout faire, et

Gustave, que le capitaine Delille
ne voulait pas voir réduit au rôle
d'ouvrier, eut ainsi plus de temps
à donner à ses études. L'un et l'autre mettaient cependant, comme
on dit, *la main à la pâte;* l'un et
l'autre bravaient les ardeurs du
soleil de même qu'ils avaient bravé
les rigueurs de l'hiver, et Gustave
apprenait à joindre la pratique à la
théorie ; il recueillait dans les livres les découvertes nouvelles sur
l'art de la greffe, de la taille, et,
sous la direction de Fritz, son ami
et lui tentaient à leur tour les expé-
riences faites par les plus fameux
jardiniers. Tous deux allaient ensemble à Paris écouter quelques-
unes des leçons des professeurs qui

font des cours d'agriculture et de
botanique au Jardin des Plantes; ils
revenaient à Fontenay apportant
presque toujours des fleurs, des
arbustes rares ; et Gustave enchanté
ne pouvait se défendre d'un peu
d'orgueil, en songeant que l'année
suivante son jardin serait un des
plus beaux, un des mieux montés
de Fontenay-aux-Roses.

Bientôt, à la passion des fleurs,
se joignit le goût de l'histoire naturelle. Tout en soignant ses arbres, Gustave avait vu courir le
long des espaliers des lézards et
des mulots; tout en débarrassant
ses plantes des insectes, des lima-
çons, des chenilles qui les dévo-
raient, tout en mettant des hom-

mes de paille devant les espaliers pour les défendre contre les oiseaux dévastateurs, Gustave avait fait quelques questions à son ami et à Fritz, et leurs réponses avaient exicté au plus haut point sa curiosité. Il ne pouvait concevoir comment ces belles chenilles, de couleurs et de formes si variées, obligées de ramper pour avancer, se transformaient d'abord en une masse informe, puis en papillons aussi brillans, aussi diversifiés que les fleurs sur lesquelles ils venaient voltiger. Ce que racontait le capitaine Delille, au sujet des pucerons, des vers de terres, des fourmis surtout, semblait à Gustave autant de contes de fée; les mœurs des lézards, des mulots, des taupes, des oiseaux sédentaires et voyageurs, ne lui paraissaient pas moins singulières, et il brûlait de se procurer les livres où il trouverait réuni le fruit des observations des naturalistes les plus distingués.

« En attendant que nous puissions les acheter, disait le capitaine Delille, observe toi-même, Gustave. »

Et Gustave observait; il réunissait des chenilles de rosiers, de lilas, de chèvrefeuille, de poirier, de pommier, dans de grands bocaux de verre; il avait soin de leur donner la nourriture qui convenait à chacune, et bientôt il eut le plaisir de les voir filer pour former le cocon dans lequel s'opère la transformation de la chenille en papillon, et auquel on donne le nom de *chrysalide*.

Ce n'était pas sans peine qu'il avait obtenu de Fritz, de ne point détruire une fourmillière qui avait été découverte non loin de la serre. Gustave passait là des heures entières à regarder les fourmis aller à la maraude et portant dans leur bouche, armée d'une double mâchoire, des fardeaux plus gros et plus lourd qu'elles. Il avait cru d'abord que les fourmis mangeaient les pucerons; mais bientôt il s'aperçut qu'elles se contentaient de les *téter*, et son ami lui apprit que les pucerons avaient, à la partie inférieure

du corps, une espèce de tuyau par
lequel sortait une liqueur sucrée,
dont les fourmis étaient très frian-
des; que loin de faire du mal aux
pucerons, elles les soignaient, comme la laitière soigne la vache utile
qui la nourrit de son lait ; qu'on
les avait vues emporter les pucerons dans des espèces de parcs, où
elles les tenaient toute la nuit, puis
les reporter le lendemain, avec
beaucoup de précaution, sur les
arbrisseaux où elles les avaient
trouvés, afin qu'ils pussent manger et leur donner du *lait* la nuit
suivante. Et Gustave, émerveillé,
ne se lassait pas d'admirer dans les
plus petits êtres de la création,
comme dans les productions les

plus riches et les plus grandes de la nature, la puissance sans borne, la bonté et la prévoyance de l'Auteur de toute chose.

« Mon ami, disait-il avec émotion, combien je suis heureux depuis que j'habite la France !

— Gustave, répondait le capitaine, avec le goût du travail, l'amour de la nature, et l'esprit d'observation, l'homme peut être heureux partout, car partout la nature s'offre à lui comme une amie toujours prête à le payer au centuple des peines qu'il prend pour l'étudier et la comprendre. »

CHAPITRE VIII.

UNE SURPRISE.

Trois années s'étaient écoulées depuis l'établissement du capitaine Delille et de son élève à Fontenay-aux-Roses ; pendant ce temps le capitaine avait inutilement écrit en Allemagne et en Pologne, aux parens de Gustave ; ses démarches, pour arriver jusqu'à eux, étaient restées sans résultat ; il n'en avait pas été ainsi de celles qu'il avait faites pour obtenir sa retraite ; maintenant il possédait douze cents francs de revenus ; c'eût été bien

peu pour un autre, c'était assez
pour lui, puisque ce revenu, quoique médiocre, suffisait à ses besoins, et le mettait à même de n'ê-
tre plus à charge à Gustave, qui
voyait son jardin prospérer, et
qui pouvait se flatter de parvenir
avant peu à l'agrandir ainsi que la
chaumière. Celle-ci renfermait
maintenant une bibliothèque choi-
sie, des tableaux de fleurs peints
ou dessinés par Gustave; et si l'on
n'y trouvait pas encore le super-
flu, on y trouvait du moins toutes
les commodités d'une douce aisance. Le petit jardinier fleuriste,
Gustave de Millau, était bien
connu dans tout le village, et l'on
achetait de préférence chez lui,

parce que son âge intéressait, et
aussi parce qu'il était plus raison-
nable dans ses prix que la plupart
de ses confrères. Les amateurs de
fleurs qui venaient voir son jardin,
lui témoignaient, ainsi qu'au capitaine Delille, beaucoup d'affection;
le vénérable curé, après lui avoir
fait faire sa première communion,
l'avait pris en amitié, et aidait le
capitaine à lui donner quelqu'instruction; en un mot, Gustave, jouis-
sant de l'estime générale, et la mé-
ritant par sa conduite, ne vivait
plus dans l'isolement; partout on
l'accueillait, partout on le recherchait, et il n'aurait tenu qu'à lui de
perdre beaucoup de temps en par-
ties de plaisir ou de campagne, s'il

n'avait pas su que perdre le temps ce n'est pas en jouir ; s'il n'avait pas su la valeur de ces heures si précieuses, de ces journées si longues pour quelques personnes, et toujours trop courtes pour lui ; car, plus il avançait dans ses études, plus il sentait combien de connaissances il avait encore à acquérir s'il voulait se distinguer dans l'état qu'il avait choisi ; et c'était là le but de son ambition. Faire faire des progrès à l'art du jardinage, enrichir sa patrie adoptive par l'importation et la naturalisation de plantes étrangères vraiment utiles ou seulement d'agrément, voilà à quoi Gustave visait avec une ardeur et un zèle au-dessus de son

âge; mais, pour arriver là, il fallait lire, étudier, travailler beaucoup; et Gustave lisait, étudiait,
travaillait sans relâche, goûtant,
lorsqu'il pouvait vaincre des diffi-
cultés qui lui avaient paru d'abord
insurmontables, une joie que ne
connaîtront jamais les gens oisifs
ou paresseux.

Un jour il était occupé à écrire
auprès du capitaine Delille dans la
salle à manger, qui servait aussi
de chambre d'étude, lorsqu'un des
garçons jardiniers parut, amenant
un homme de haute taille, et qu'à
ses moustaches épaises, qu'à son
air décidé, et aux décorations qui
ornaient sa boutonnière, il était fa-

cile de reconnaître pour un militaire.

Le capitaine se lève ainsi que son élève, vêtu comme de coutume en jardinier, c'est-à-dire ayant les manches de sa chemise retroussées jusqu'au-dessus du coude, devant lui un tablier de toile bleue avec une grande poche remplie de jonc, des pantalons larges également en toile, les pieds nus dans de gros souliers, et sur la tête une vieille casquette.

« Que désire, Monsieur ? » demande le capitaine qui portait le même costume que Gustave.

L'étranger les regarde tour-à-tour ; il est entré sans saluer, et il garde son chapeau sur la tête. Le capitaine alors remet sa casquette et présente une chaise à l'étranger, puis il s'assied en faisant signe à Gustave de s'asseoir aussi, car les manières arrogantes ne réussissaient point avec le capitaine, qui apprenait à Gustave à conserver cette fierté, cette dignité qui conviennent à l'homme, dans quelque rang que la fortune l'ait placé.

« Voilà donc sous quels vêtemens, dit l'étranger, je retrouve le fils du général baron de Millau !... car ce jeune homme est Gustave de Millau ; je le reconnais à sa ressemblance avec sa mère. »

Gustave tressaille et jetant un regard craintif sur l'étranger, il se rapproche vivement de son ami

qu'il saisit par la main, en murmurant quelques mots que le capitaine ne peut comprendre.

« Oui, Monsieur, dit le capitaine,
ce jeune homme est Gustave de
Millau. Les vêtemens qu'il porte
ne sont point, il est vrai, ceux qui
conviennent au rang que Gustave
aurait dû tenir dans le monde, si
les événemens lui avaient été moins
contraires ; mais ces vêtemens,
mais l'état qu'il a choisi, il sait les
honorer.

— Et vous, Monsieur, dit encore l'étranger, vous êtes sans
doute le capitaine Eugène Delille,
qui fut neuf ans captif à la citadelle
de Wolgast ?

— Oui, Monsieur, je suis le

capitaine Eugène Delille. Puis-je, à mon tour, demander le nom de celui qui nous connaît, mon élève et moi, et que nous n'avons pas l'honneur de connaître ?

— Je suis le colonel de Weliskie.

— Mon oncle ! s'écrie Gustave, et il se jette, non dans les bras de son oncle, mais dans ceux de son père adoptif, en ajoutant : Mon bon ami, il vient pour nous séparer !.. Oh ! mon Dieu!... non, non, je ne vous quitterai pas, mon ami, mon père ! » et il accable de caresses le capitaine Delille, à-la-fois touché et confus de la manière dont Gustave exprime son attachement pour lui et son éloignement pour son oncle.

— J'admire, dit le colonel de Weliskie en fronçant le sourcil, l'affection qu'on a inspirée à ce jeune homme pour les personnes de sa famille, pour le propre frère de sa mère! Je pouvais m'attendre à une autre réception.

— M. le colonel répond le capitaine Delille avec le calme que donne toujours une bonne conscience, veuillez pardonner à Gustave un mouvement irréfléchi; il s'en repent à présent, j'en suis sûr. Il a été frappé de l'idée que votre arrivée lui annonçait une séparation dont il s'est toujours alarmé, parce qu'il m'aime autant que je le chéris moi-même. Mais son cœur est pénétré de respect et de tendresse pour des parens que, jusqu'à ce jour, il a été privé du bonheur de connaître personnellement.

— Oui, mon oncle, dit Gustave qui s'avança alors vers M. de Weliskie, avec un air plein de franchise, mais timide pourtant, mon père adoptif m'a appris à vous honorer... à vous chérir...

— Touche-là, mon neveu! » reprit le colonel en lui tendant la main.

« Avant de la toucher, cette main, repartit Gustave enhardi par l'effet même de la crainte qu'il éprouvait d'être enlevé à son ami, à sa modeste demeure et au bon-

heur dont il jouissait, promettez-
moi, mon oncle, de ne me séparer
jamais de mon second père, et de
me laisser vivre en France !

— Qu'est-ce à dire ! » s'écria le
colonel d'un air mécontent. « Pré-
tendrais-tu me dicter les conditions
auxquelles tu veux bien accepter
mon amitié ?

— Gustave, laisse-nous, dit le
capitaine Delille d'un ton sérieux.
Ta conduite m'étonne et m'offense
même ; car elle donne à ton oncle le
droit de supposer que je ne t'ai pas
instruit de tes devoirs envers ta famille. »

Gustave baissa la tête avec confusion, puis il saisit la main de son
oncle, la baisa vivement à plu-

sieurs reprises, et quitta la salle précipitamment.

Après son départ, le capitaine Delille chercha à l'excuser auprès de M. de Weliskie ; mais celui-ci l'interrompant vivement, lui dit : « Je suis bien aise que cet enfant ait du caractère. J'avais craint qu'il ne tînt de sa mère, qu'il ne fût comme elle timide et doux ; ce qui ne convient point à un homme.

— Gustave, M. le colonel, répondit le capitaine, est naturellement timide et doux, mais il a en même temps de la fermeté ; vous venez de vous en apercevoir, et, dans le danger, je crois qu'il

saurait montrer du calme et de l'in-
trépidité. »

Le colonel sourit à cet éloge de
son neveu, et rapprochant sa chaise
de celle de M. Delille, il dit en
lui serrant la main avec cordialité : « Ne m'en voulez pas, capitaine, du silence que j'ai gardé
lorsqu'enfin quelques unes de vos
lettres me sont parvenues à l'armée. Je n'aime point à écrire ; et
puis je voyais par ces lettres, que
mon neveu était en bonnes mains
pour devenir un homme. Qu'au-
rais-je fait de cet enfant ?.... Ma
sœur de Bode a bien assez de s'occuper des siens. J'ai donc laissé les
choses comme elles étaient.... Aujourd'hui Gustave a quatorze ans

passés ; son avenir est assuré,
puisque je le fais mon héritier,
mais je veux qu'il soit militaire.
J'aime la France, et je souhaiterais
que Gustave entrât au service de
la France ; cependant il est né sujet prussien ; il se doit à son pays
avant tout, et je ne veux pas que
quelque jour il soit dans l'alterna-
tive de porter les armes contre son
pays, ou de trahir sa patrie adoptive.... Tout cela, en y pensant
bien, est assez embarrassant ; car
enfin je sers la France, je la servi-
rai jusqu'à mon dernier soupir,
et les hasards de la guerre pour-
raient faire qu'un jour le neveu
fût obligé de tirer l'épée contre
son oncle... nous verrons. Recevez

toujours mes remercîmens, capitaine. Mon beau-frère de Bode viendra vous faire les siens et ceux de ma sœur, car il est en ce moment à Paris; son gouvernement l'a nommé secrétaire de l'ambassade de Prusse. Maintenant contez-moi avec quelque détail, ce que vous m'avez écrit en gros, et dites-moi quels sont les moyens d'existence de mon neveu...... et les vôtres, si vous voulez bien témoigner cette confiance à un camarade et à un ami.»

Le capitaine touché de la cordialité qui avait succédé à la morgue et à l'arrogance, satisfit sans hésiter M. de Weliskie. L'entretien se prolongea jusqu'à l'heure

du dîner, et lorsque Gustave re-
parut, il fut accueilli par le colonel
avec tant d'affection, qu'il se
jeta à son cou en le priant de vou-
loir bien lui pardonner la scène du
matin.

«N'en parlons plus, répondit
M. de Weliskie, et mettons-nous
à table.»

CHAPITRE IX.

LE MONDE.

Le repas était presqu'entièrement composé de mets fournis par le jardin, et d'un lapin, non de garenne, mais élevé dans la maison. Point d'argenterie, point de cristaux sur la table ; des couverts d'étains bien brillans, du linge bien blanc, des vases remplis de fleurs en faisaient tout l'ornement. Pour la première fois Fritz ne mangeait point avec ses maîtres ; il les servait sans gaucherie et avec promptitude.

Le capitaine ne songea point à faire d'excuse sur la simplicité du repas; il dit seulement à l'oncle de Gustave : «Mon colonel, nous vous donnons ce que nous avons de meilleur.»

Le colonel sourit en faisant une inclination de tête; puis adressant la parole à Gustave, il le questionna sur différens sujets, tantôt en allemand, tantôt en français. Gustave, d'abord un peu intimidé, reprit enfin quelqu'assurance, et répondit de manière à faire honneur à son instituteur; mais toujours il saisissait l'occasion de revenir à ce qui l'intéressait par-dessus tout, à son jardin et à ses études relatives à l'histoire des plantes, des animaux, et toujours le colonel détournait l'entretien pour l'amener sur la guerre et sur les agrémens de la vie militaire.

Après le dîner on alla se promener dans le jardin. Alors Gustave sut trouver moyen de fixer l'attention de son oncle sur ses travaux chéris. Il en parlait avec le feu de son âge, avec le plaisir que goûte un amateur de jardins à dire combien lui a coûté de travaux et de peines tout ce qu'il a créé ; à ce récit se joignait celui de quelques projets pour les années suivantes, et le regard de Gustave devenait presque suppliant ; ce regard semblait dire : « Oh ! ne m'enlevez pas à ce qui fait mon bonheur !

Permettez-moi de jouir en paix de l'heureuse existence que je me suis préparée !»

M. de Weliskie ayant accepté, sans compliment, l'offre qui lui avait été faite d'un lit, les ordres nécessaires furent donnés à Fritz ; on prépara pour le colonel la chambre du capitaine Delille qui devait partager celle de Gustave, et tous ces arrangemens eurent lieu en si peu de temps et avec tant d'adresse, que le colonel ne se douta point de l'embarras qu'il causait.

La soirée se passa agréablement à causer, à regarder les dessins de Gustave, et l'on se sépara enfin en se serrant cordialement la main et en se disant avec affection : *à demain !*

Gustave, lorsqu'il se trouva seul avec son père adoptif, se jeta au cou de celui qu'il aimait de toute son âme et fondit en larmes ; jusqu'alors il s'était contenu, non sans peine.

«Allons, Gustave, dit le capitaine, conduis-toi donc en homme! tu n'es plus maintenant un enfant.

—Mon bon ami, répondit Gustave, je veux tout vous avouer. Tantôt j'ai été au moment de me réfugier au presbytère, de demander à M. le Curé un asile chez lui, jusqu'à ce que mon oncle eût quitté Fontenay.... Alors, mon bon ami, je serais revenu près de vous....

— Gustave! cette démarche
m'eût beaucoup affligé, et ton oncle aurait eu raison de s'en offen-
ser. A quoi d'ailleurs aurait-elle
abouti? Tu es mineur; ton oncle
est ton tuteur naturel; peut-être
même s'est-il fait reconnaître pour
tel par la famille entière, et ce
titre lui donne sur toi les droits
d'un père...

— Mon ami, c'est vous qui
avez sur moi les droits d'un père!
vous m'en avez tenu lieu; vous
m'avez élevé, vous m'avez donné
de l'éducation, des moyens d'existence !.... Sans vous, que serais-je
devenu ?.... Je n'appartiens qu'à
vous, qu'à vous seul; je ne vous
quitterai pas, non jamais, jamais,

et l'on ne m'arrachera d'auprès de
vous qu'en m'arrachant la vie!
Que m'importe la fortune! vous
m'avez appris à m'en passer. Que
m'importe le titre de baron! vous
m'avez appris qu'on peut, sans ce
titre, obtenir la considération des
honnêtes gens. A Wolgast j'étais
riche, j'étais le premier après mon
père, et j'étais malheureux! Ici je
ne suis rien, rien que votre élève,
qu'un orphelin, qu'un pauvre jardinier, et je suis heureux!»

Le capitaine eut bien de la peine
à faire comprendre à Gustave que
sa résolution de ne point le quitter,
échouerait devant la volonté de
son oncle; que cet oncle avait à
faire valoir des droits, sinon plus

sacrés, du moins d'un plus grand poids dans la balance de la justice humaine, que ceux acquis par les soins constans donnés à un orphelin sans appui; l'âme de Gustave se révoltait, s'indignait à la seule pensée qu'on pouvait le contraindre de quitter son ami, son père adoptif, et, pour la première fois depuis bien long-temps, il se coucha le cœur gros de soupirs et les yeux remplis de pleurs.

M. de Weliskie passa deux jours encore à la chaumière sans rien dire qui pût faire deviner à Gustave quels étaient ses projets. Le jeune homme se sentait de plus en plus porté à l'aimer; mais ce commencement d'affection disparaissait dès qu'il songeait à la probabilité d'une séparation dont on ne lui parlait cependant pas encore.

Une lettre que reçut le colonel, n'amena point l'explication si vivement redoutée par Gustave, mais elle amena l'annonce d'un petit voyage à faire à Paris, pour aller rendre ses devoirs à sa tante, Mme de Bode, qui venait d'y arriver. Grâces aux sages remontrances du capitaine Delille, Gustave se soumit sans murmure à accompagner le colonel chez sa tante. Cependant, au moment du départ, il fallut que ce dernier lui promit solenellement de le ramener ou de le renvoyer sous peu auprès de son ami

qu'il quitta en pleurant amèrement;
pendant près de quatorze années,
Gustave n'avait pas pour ainsi dire
passé un seul jour loin de son second
père, et il allait se trouver sans
son ami, sans son protecteur au
milieu d'une famille qui lui était
tout-à-fait étrangère! Le pauvre
Gustave! un poids bien lourd op-
pressait son cœur.

Mme de Bode, qui avait été dans
son temps une des beautés de Berlin les plus à la mode; Mme de
Bode, qui n'avait jamais vu que la
bonne compagnie et la plus haute
noblesse, avait éprouvé bien de
l'humeur en apprenant que son
neveu, tombé entre les mains d'un
obscur roturier, d'un officier de

fortune, était devenu jardinier. Elle aurait pu, elle aurait dû peut-être le rappeler auprès d'elle, puisque cette idée blessait tant son orgueil; mais une femme du monde, coquette, ambitieuse, et ayant une famille nombreuse à pourvoir, cède rarement au premier mouvement d'un bon cœur. Les jours, les mois s'étaient écoulés sans qu'elle eût pu prendre un parti relativement à Gustave; et son mari, perdu dans les affaires, profond diplomate et courtisan consommé, avait bien autre chose à faire que de s'occuper du fils de sa belle-sœur, lorsque surtout il avait tant de grâces à demander pour ses propres enfans. Sans M. de Weliskie, que le hasard avait amené à Paris, justement à l'époque où M. de Bode, nommé secrétaire de l'ambassade de Prusse à la cour de France, s'y rendait avec sa famille, il est probable que l'orphelin aurait été tout-à-fait oublié.

Les jeunes cousins, les jeunes cousines et Mme de Bode elle-même, s'étaient attendus à trouver dans Gustave un paysan ; leur étonnement fut donc extrême quand ils virent un jeune homme modeste, timide, mais point gauche du tout. Gustave avait eu l'idée d'apporter à sa tante les plus belles fleurs, les plus beaux fruits de son jardin ; le présent fut accueilli, ainsi que lui-

même, avec plus de froideur que
d'affection.

Lorsque la gêne du premier moment fut passée, les jeunes cousins,
les jeunes cousines accablèrent Gustave de questions; quelques-unes
lui parurent assez déplacées; cependant il répondit à toutes avec
douceur, et Mme de Bode s'émer-
veilla beaucoup en l'entendant
parler l'allemand avec autant de
pureté et d'élégance que la meil-
leure compagnie de Berlin. Bientôt elle découvrit avec dépit que
Gustave était réellement beaucoup
plus instruit que son fils aîné, qui
passait pourtant pour un prodige;
et, de découvertes en découvertes,
elle en vint à trouver malgré elle
13*

l'éducation qu'avait reçue Gustave, bien supérieure à celle qu'à
grands frais elle avait fait donner
à ses enfans.

Le colonel était vraiment tout
fier de son neveu, et il répétait à
tout propos que Gustave serait
son seul héritier, ce qui ne charmait pas beaucoup la famille de
Bode; mais on était, dans cette
famille, trop bon courtisan pour
en rien témoigner, c'est-à-dire les
parens; quant aux enfans, ils eurent bientôt pris en amitié leur
jeune cousin qui savait tant de choses curieuses et intéressantes, et
c'était sans jalousie qu'ils recon-
naissaient sa supériorité réelle,
comme c'était avec un vérita-

ble empressement qu'ils tâchaient
de lui rendre agréable son séjour
chez eux.

Le matin on allait courir les mu-
sées, les boulevards, visiter les
monumens publics avec le bon oncle deWeliskie. Il n'exigeait, pour
prix de toutes ses complaisances,
que de l'accompagner à toutes
les revues, à toutes les parades,
à tous les exercices militaires ;
le colonel espérait par-là éveiller
dans Gustave le goût du noble
métier des armes, le seul qui
lui parût digne de l'admiration
et du respect des hommes. Le
soir on se rendait au spectacle
ou bien à des réunions ou l'on dan-
sait, où l'on jouait à mille et mille

jeux ; mais cette existence, toute consacrée à la dissipation et au plaisir, laissait dans l'âme de Gustave un ennui, un vide qu'il n'avait jamais éprouvé à Fontenay, et au bout de huit jours il demanda avec tant d'instances à retourner près de son ami, que le colonel, en murmurant, consentit à lui en accorder la permission.

Gustave pria sa tante et son oncle de Bode de l'honorer d'une visite ; mais il ne reçut qu'une réponse évasive ; ses cousins, ses cousines acceptèrent au contraire l'invitation avec empressement, à condition cependant que leurs parens y donneraient leur assentiment, et Gustave, léger comme un oiseau

et bondissant de plaisir, monta les-
tement dans la voiture qui devait le
ramener à sa chaumière chérie.

CHAPITRE X.

LE DÉPART.

LE colonel avait voulu accompagner Gustave à Fontenay ; témoin de sa joie, de ses transports en revoyant son père adoptif, sa chaumière, son jardin, ses fleurs, il sentit enfin la force des liens qui attachaient cet enfant à la France, et cependant il voulut tenter encore une fois d'éveiller en lui l'amour de la gloire, ou l'ambition, ou la soif de l'or. M. de Weliskie pouvait, si son neveu embrassait l'état militaire, lui procurer, par ses

relations et ses protections, un
avancement rapide; mais Gustave
avait encore devant les yeux le tableau des ravages causés par la
guerre dans les malheureux pays
qu'elle désole et change souvent
en une contrée déserte et stérile ;
et la bonté de son cœur le portait
bien plus à se rendre utile à l'espèce humaine, qu'à souhaiter de
ceindre son front de lauriers arro-
sés des larmes de familles nombreuses et de sang humain. La car-
rière diplomatique ne tentait pas
non plus Gustave. Son esprit ob-
servateur l'avait porté à faire, chez
le secrétaire d'ambassade, M. de
Bode, des remarques qui l'avaient
persuadé que, pour réussir à la

cour, il fallait souvent employer
les détours, la duplicité, le men-
songe, et Gustave avait une âme
franche et loyale, ennemie de la ruse
et de la fraude; enfin son oncle,
qui ne voulait pas absolument avoir
un neveu jardinier, après avoir es-
sayé vainement de l'éblouir en lui
montrant la gloire du guerrier, et
le renom du diplomate pacificateur
et législateur du monde entier, lui
offrait d'aller s'établir en Pologne;
là, il vivrait noblement à rien faire
dans la terre seigneuriale de Weliskie; et si son goût pour le jardinage se soutenait, il pourrait à son
gré tout bouleverser, faire et dé-
faire, avoir les plus beaux jardins,

les plus belles serres de la Pologne
entière.

« Mon oncle, répondit Gustave
touché de tant d'affection et de
bonté, donnez-moi seulement de
quoi agrandir mon jardin , ma maison et ma serre, alors je pourrai
employer un plus grand nombre
d'ouvriers et faire ainsi un peu de
bien. Le reste de votre fortune ,
donnez-le à ma tante et à mon oncle de Bode. Mon oncle, ils n'ont
que l'apparence de gens riches ;
mais, au milieu du luxe qui règne
chez eux, ils éprouvent bien des
privations. Mes cousins, mes cousines ont d'autres besoins que moi,
parce qu'ils n'ont pas été élevés de
la même manière. Mon oncle, je

suis si heureux, qu'une seule chose
au monde peut ajouter à mon bonheur.

— Laquelle, entêté?

— Votre affection, mon bon
oncle !

— Tu l'as tout entière ! répondit le colonel qui l'embrassa vivement. Gustave, ajouta-t-il en cachant avec peine son émotion, je
consens à te laisser vivre jusqu'à
dix-huit ans, comme tu as vécu
jusqu'à présent ; mais j'exige, en
retour de ma condescendance, que
tu viennes souvent à Paris pour
me voir, tant que j'y demeurerai,
et chez ton oncle de Bode ; j'exige
que tu ne te refuses point à parai-
tre dans le monde, à en goûter les

plaisirs, et j'exige encore que si tes goûts viennent à changer, que si tu prends ceux qui conviennent à ton rang, à ta fortune, tu me le dises avec franchise.

— Mon oncle, vous pouvez y compter; voici ma main pour gage de cette promesse! »

Le colonel reçut dans la sienne la main de son neveu, l'embrassa de nouveau avec affection, et retourna à Paris à-la-fois charmé du noble désintéressement de Gustave, et mécontent de ce qu'il appelait son obstination. Afin d'obliger son neveu de revenir plus promptement à la raison, le colonel résolut de ne rien faire pour lui pendant ces quatre années d'épreuve, et de le laisser dans le doute s'il n'avait pas changé d'avis, et s'il ne choisirait pas pour son héritier, l'aîné des enfans de Mme de Bode. Il en coûtait au bon oncle pour agir de la sorte; car il aimait Gustave de tout son cœur, et il ne pouvait s'empêcher de l'estimer en dépit de ses préjugés qui lui faisaient regarder comme tout-à-fait indigne d'un gentilhomme, l'état que Gustave avait embrassé.

Le colonel passa deux mois à Paris; au bout de ce temps son congé expirant, il fut obligé de partir pour rejoindre son régiment. Gustave pleura beaucoup en se séparant de son bon oncle, qu'il aimait maintenant presque à l'égal du ca-

pitaine Delille lui-même. Il demanda et obtint aisément la permission de lui écrire : «Mais ne
compte pas trop sur des réponses,
dit le colonel avec gaîté! je manie
mieux l'épée que la plume. Adieu,
mon neveu. Nous nous reverrons,
si un boulet de canon ne m'envoie
pas dans l'autre monde.

M. et Mme de Bode, instruits par
le colonel de la prière que lui avait
faite Gustave de se choisir un héritier parmi leurs enfans, faisaient
maintenant leur cour au jeune
homme avec assiduité. On était
venu voir son jardin ; on s'était
extasié à la vue de ses fleurs, on
avait tout loué, tout admiré, et
l'on avait regretté tout haut de ne

pouvoir jouir des innocens plaisirs
de la vie des champs. Gustave s'a-
veuglait tant qu'il pouvait sur la
véritable source de l'amitié qu'on
lui montrait; il était si aimant et il
avait un si vif désir d'être aimé !
Mais au milieu de toutes ces dé-
monstrations, il sentait malgré lui
quelque chose qui le repoussait;
malgré lui il faisait des remarques
qui le chagrinaient, et souvent il
disait à son père adoptif : « Mon
bon ami, je ne suis pas né, je vous
assure, pour vivre dans le monde;
j'y serais bien malheureux ; car je
vois qu'on n'y fait rien, pour ainsi
dire, sans quelque motif caché :
on y flatte, on y caresse ceux qu'on
n'aime pas : on y flatte, on y caresse

encore plus ceux que l'on redoute.
Mon bon ami, l'étude du monde
n'est pas agréable et ne donne pas
des jouissances pures comme l'é-
tude de la nature. »

Ainsi parlait Gustave en revenant de chez Mme de Bode, où on
l'accablait de soins, de prévenan-
ces, et où son cœur ne trouvait pas
un cœur qui répondit au sien ; car
tout était apprêt, artifice, et leurs
protestations de tendresse laissaient dans l'âme du jeune homme
le même vide que laissaient dans
son esprit les faux plaisirs de la
société.

Six mois s'étaient écoulés de la
sorte ; la guerre avait éclaté de
nouveau dans le Nord, et Gustave

lisait maintenant avec avidité les bulletins, afin d'avoir plus promptement des nouvelles de son oncle; il les lisait le cœur serré en se représentant l'état du malheureux pays où la guerre exerçait ses ravages; il les lisait, en tremblant à chaque ligne de voir le nom de son oncle dans la liste des blessés, des prisonniers ou des morts.

Ce nom chéri, il le trouva un jour suivi de ces mots terribles : *le colonel de Weliskie a eu la jambe droite emportée par un boulet......* Gustave n'en put lire davantage; il se jeta dans les bras du capitaine Delille en poussant un gémissement. Son ami l'embrassa tendrement, et fut quelque temps sans pouvoir prononcer un seul mot.

« Oh ! partons, mon ami, partons, dit Gustave, allons le servir, le soigner... partons, mon ami !

— Oui, partons ! » répondit le capitaine Delille. Sans perdre un moment il se rendit à Paris pour retirer les fonds qu'il avait placés, au nom de Gustave, chez un notaire ; pendant ce temps le jeune homme, avec le secours de Fritz, faisait une malle qu'on remplissait d'objets de première nécessité : le capitaine revint de bonne heure, et il aida à terminer les préparatifs de départ. Fritz fut chargé du soin de la maison et du jardin ; c'était à lui que les autres jardiniers devaient obéir pendant l'absence de

son jeune maître, et le soir, avant
la nuit, Gustave et son père adoptif, après avoir pris congé à la hâte
de la famille de Bode, couraient la
poste avec le courrier de la malle,
bien résolus de ne point s'arrêter
avant d'être arrivés à Varsovie.

Ah! combien le pauvre Gustave
eut à souffrir en voyant se multiplier, plus on approchait du théâ-
tre de la guerre, les charettes qui
transportaient les malheureux blessés aux ambulances! Il donnait, il
donnait tout ce qu'il avait d'argent
sur lui, en disant : « Oh! pourquoi ne peut-on pas, avec de l'argent, guérir leurs blessures, leur
rendre la santé et les membres
qu'ils ont perdus!... Mais du moins

avec de l'argent on peut procurer quelqu'adoucissement à leurs souffrances... Mon bon ami, laissez-moi donner celui dont nous n'avons pas absolument besoin pour faire la route! Dieu merci, mon oncle est riche ; il ne m'en refusera pas pour aider les pauvres soldats qui sont sans doute à Varsovie dans les hôpitaux ! »

Le colonel n'était pas à Varsovie ; on l'avait transporté dans l'une de ces terres, et c'est là qu'il avait supporté avec courage l'amputation de la jambe droite fracassée par un boulet. Gustave croyait, en arrivant, être admis sur-le-champ auprès de son oncle ; mais il fallut attendre huit jours avant

que le chirurgien consentît à infor-
mer le colonel que son neveu était
au château, et demandait instam-
ment à le soigner, à le veiller jour
et nuit.

La première entrevue fut bien
touchante. Gustave ne put s'expri-
mer que par ses sanglots et par ses
pleurs, et le colonel, vivement ému
de cette preuve de l'attachement
de son neveu pour lui, sentit aussi
quelques larmes s'échapper de ses
yeux et tomber sur sa moustache
grise. Il tendit en silence la main
au capitaine Delille, et ce geste
plein d'affection en disait plus que
des paroles.

A dater de ce moment, Gustave
et son ami s'établirent au chevet

de M. de Weliskie, lui prodiguant à
l'envie l'un de l'autre les soins les
plus empressés, et ce fut au milieu
d'eux que le bon oncle revint à la
vie et à la santé. Mais la convales-
cence fnt longue; le blessé n'était
rien moins que patient; ce qui surtout le mettait en colère, c'était
l'idée que désormais il fallait re-
noncer au service et vivre en simple particulier.

«Mon oncle, disait Gustave pour
le consoler, vous vivrez auprès de
nous; au lieu de faire du mal aux
hommes, vous leur ferez du bien;
au lieu de porter partout la désola-
tion et la mort, vous porterez dans
tous les cœurs la joie et le bonheur.
O mon oncle, vous êtes riche et

vous êtes bon! vous pourrez être avec cela bien utile, rendre heureux bien des gens, et être bien heureux vous-même!»

CHAPITRE XI.

LE RETOUR.

Le colonel se flattait de l'espoir
que Gustave, en se trouvant dans
un beau château, entouré de valets
empressés à le servir, pouvant disposer de revenus considérables, et
tenir dans le monde un haut rang,
perdrait aisément le souvenir de
son humble demeure, et préfére-
rait, à son existence passée, son
existence actuelle; le colonel se
trompait. Gustave trouvait, entre
le caractère. l'esprit et les mœurs
des Polonais et des Français, beau-

coup de rapports qui lui faisaient chérir ce peuple passionné pour les armes et pour la gloire; mais ce qui l'affligeait et le dégoûtait de ce pays, c'était l'esclavage auquel sont réduits les paysans. Gustave, élevé par un Français, ne pouvait voir, sans se sentir révolté, les hommes traités en Pologne comme des bêtes de somme, comme un vil troupeau que le maître vend ou décime au gré de son caprice. Son bon cœur se serrait lorsqu'il songeait que chez son oncle roulait l'or, et que chez les malheureux serfs régnait la plus affreuse misère. La vue des juifs qui abondent en Pologne et y sont seuls chargés de tous les genres de commerce ou de

trafics ; leur bassesse, leur servi-
lité, inspiraient encore à Gustave
un dégoût qu'il ne pouvait sur-
monter.

«Mon bon ami, disait-il souvent
au capitaine Delille, je cherche des
hommes, et je ne trouve partout
que des esclaves ! Non, non, mon
oncle a beau faire, je ne resterai
point dans ce pays; je veux retourner en France, dans cette belle
France qui n'est point, comme la
Pologne, couverte de sombres fo-
rêts de sapin; dans cette belle France, où la nature est si prodigue de
ses richesses; où les lois protègent
le faible comme le fort; où celui
qui a de l'intelligence et l'amour
du travail, peut quitter un maître

tyrannique et trouver des moyens d'existence, s'il a du courage et des bras!»

Mais le colonel n'était pas disposé du tout à se séparer de Gustave; une explication assez vive de sa part eut lieu entre l'oncle et le neveu, et celui-ci perdit espoir et courage en apprenant que M. de Weliskie était tout prêt, pour le retenir, à faire valoir les droits que lui donnaient les liens du sang et son titre de tuteur naturel de l'enfant de sa sœur.

«Emmenez-moi, mon ami, dit Gustave au capitaine Delille à la suite de cette explication; emmenez-moi, ou je périrai ici de regret et de tristesse!»

Le capitaine fit des représenta-
tions, et obtint que Gustave tâche-
rait d'attendrir son oncle par sa ré-
signation et sa soumission.

Mais bientôt la santé du jeune
homme s'altéra ; la pâleur rempla-
çait les vives couleurs qui animaient
ses joues lorsqu'il avait quitté la
France ; sa démarche devenait lan-
guissante, et au bout de trois mois
il était méconnaissable. Rien ne
pouvait le distraire de sa mélanco-
lie ; le sommeil, l'appétit, tout ce
qui annonce une bonne santé avait
disparu, et le colonel commença à
concevoir de sérieuses inquiétudes.
Les médecins les plus habiles furent appelés ; tous s'accordèrent à
dire que cette maladie n'était autre

chose qu'un profond dégoût de la vie, et que, si l'on s'obstinait à retenir ce jeune homme dans un pays où il se déplaisait, il ne tarderait pas à descendre au tombeau.

M. de Weliskie très alarmé voulait dire sur-le-champ à Gustave : «Tu es libre, retourne en France!» mais cette nouvelle ne pouvait lui être apprise avec trop de ménagement, et ce fut le capitaine Delille qui se chargea de la lui annoncer.

«Oh! mon ami, est-ce bien vrai! dit Gustave en se ranimant soudain... Ne me trompez-vous pas?

— T'ai-je jamais trompé, Gustave?

— Non, non, jamais! Je reverrai donc ma chaumière, mon jardin, mes fleurs! Je respirerai donc encore l'air si pur de la France!... Mon ami, mon bon ami, partons bien vite!... Retournons dans notre belle France, où il n'y a point d'esclaves!»

Mais Gustave n'était pas en état de supporter les fatigues d'une si longue route. Son oncle sut trouver le seul moyen de calmer son impatience, en lui fournissant la possibilité de faire, avant de partir, un peu de bien.

«Tu seras en dépit de toi, lui dit-il, mon seul héritier. Je t'autorise dès à présent à diminuer tes revenus, en affranchissant les paysans attachés à cette terre, et en leur donnant à chacun une chau-

mière, un jardin et un champ,
dont le produit puisse les nourrir
ainsi que leur famille.

— O mon oncle! mon bon oncle, s'écria Gustave, mille grâces
vous soient rendues! c'est au nom
de la France que je vais les rendre
à la liberté! Je veux que ma patrie
adoptive leur soit chère comme à
moi, et qu'en bénissant votre nom,
ils bénissent aussi celui du pays où
règnent les lumières et une sage
et douce liberté!»

Les soins de la bienfaisance et
l'espoir d'un prochain départ, ren-
dirent en peu de temps Gustave à
la santé. Il reprenait ses forces,
ses couleurs, et, au printemps
suivant, il put se mettre en route,

emportant le doux souvenir des heureux qu'il avait faits. Son oncle l'accompagnait ; et Gustave le priait, le conjurait de se fixer aussi en France.

« Mon bon oncle, disait-il, qui vous aimera, qui vous soignera comme mon ami et moi nous vous soignerons et vous aimerons ! avec mon ami vous causerez de vos campagnes ; le soir vous ferez votre partie d'échecs, et j'apprendrai aussi ce jeu pour jouer avec vous. A Fontenay il y a des personnes bien nées, bien élevées qui vous formeront une société agréable. Je soignerai votre jardin ; j'en serai le jardinier en chef ; et vous verrez, mon oncle, que vous finirez

16

par aimer aussi le jardinage et les
fleurs. »

A tout cela le colonel ne répondait rien ; il était mécontent d'a-
voir vu tous ses projets renversés,
toutes ses espérances trompées, et
il ne pouvait s'empêcher d'en vou-
loir un peu à son neveu de n'être
ni orgueilleux, ni ambitieux.

Il est plus facile de s'imaginer
que de décrire la joie de Gustave
en apercevant, après un voyage
de plus d'un mois, les premières
maisons de Fontenay. Il y revenait
dans la plus belle saison de l'année ;
tout était couvert de fleurs. Les
champs de roses nouvellement épa-
nouies, exhalaient les plus doux
parfums ; on respirait un air em-

baumé, et partout l'œil s'arrêtait avec complaisance sur la façade des maisons tapissées de vigne qui mêlait son beau feuillage aux fleurs multipliées des rosiers à haute tige ou disposés en espaliers.

Mais quel fut l'étonnement de Gustave en apercevant, à la place de sa chaumière, une jolie maison à trois étages, fraîchement badigeonnée et ornée de persiennes vertes! Il devina sur-le-champ qui était l'enchanteur dont la baguette magique avait opéré la métamorphose, et, pénétré de la plus vive reconnaissance, il se jeta dans les bras de soncle en fondant en larmes.

Fritz, accompagné de deux gar-

çons jardiniers attachés à la maison à l'année, d'une servante et
d'une fille de basse-cour, tous en
habits de fête, s'avancèrent pour
recevoir les voyageurs à la porte
cochère, qu'on venait d'ouvrir
pour laisser entrer la voiture dans
une belle cour qui précédait la
maison.

On se rendit à la salle à manger
simplement décorée, et là, le colonel dit à son neveu : «Mon ami,
je te demande l'hospitalité pour
quelques mois. Je veux essayer de
ton genre de vie, et voir s'il est aussi
agréable que tu l'assures.»

Gustave ne répondit qu'en sautant avec effusion au cou de son
oncle.

CHAPITRE XII ET DERNIER.

LE BONHEUR.

Si la baguette de l'enchanteur avait transformé la chaumière en une maison charmante, abondamment fournie de ce qui peut rendre l'existence agréable et douce , elle avait aussi étendu les limites étroites du jardin, et remplacé la modeste serre par une belle orangerie remplie des arbustes et des fleurs les plus rares. Mais, dans les bouleversemens occasionnés par tous ces changemens, on avait respecté ce que Gustave avait créé ; il retrou-

vait ses planches, ses couches vitrées ; il les retrouvait couvertes de
fleurs, et au-dessus de la porte du
jardin, fermée comme de coutume
pendant le jour par un simple treillage qui s'ouvrait pour tout le monde, étaient encore les lettres noires,
hautes d'un pied, et qui annonçaient
aux passans qu'ici demeurait *Gustave de Millau, jardinier fleuriste.*

Dans le terrain nouvellement
acheté, commençait à se former
un jardin anglais qui promettait
d'être fort beau dès l'année suivante, car il s'y trouvait déjà de
grands arbres et des buissons d'arbrisseaux qu'on rendrait plus épais
en y ajoutant ceux qui ont une
prompte croissance, tels que les

lilas, les sureaux, les seringas; on commençait d'ailleurs, à cette époque, à se persuader qu'il n'est pas nécessaire de choisir des arbres très petits pour faire de nouvelles plantations, et que ceux d'une certaine force peuvent être transplantés sans inconvénient dans la saison favorable.

Gustave eut besoin de plus d'un jour pour prendre connaissance de ses nouvelles richesses. Il avait commencé par visiter la maison du haut en bas, et il avait dû faire lui-même les logemens, comme disait son oncle. Le bon oncle avait pris le premier étage, pour céder aux prières de Gustave, qui s'était établi au second avec son ami, son

père adoptif, le capitaine Delille ;
au troisième demeuraient Fritz et
les domestiques attachés à la maison.

Le rez-de-chaussée se composait
d'une salle à manger servant d'an-
tichambre, d'un salon simplement
meublé, qui communiquait à une
salle d'étude garnie de livres depuis le haut jusqu'en bas. De l'autre côté de l'escalier, était la cuisine.

A peine la famille de Bode eut-
elle été avertie de l'arrivée de
M. de Weliskie et du retour de
Gustave, qu'elle vint à Fontenay
faire une visite dictée par les bien-
séances et par la curiosité, plus
que par l'amitié. On admira, on

s'extasia comme de coutume, mais avec moins de vivacité cependant, parce qu'on éprouvait un peu d'envie.

Gustave faisait les honneurs de chez lui avec grâce et empressement, et la journée se passa fort agréablement. Le dîner fut très gai; mais à la fin du repas bien des fronts se rembrunirent, lorsque le colonel présenta Gustave à sa sœur et à son beau-frère comme son futur héritier. On affecta de sourire, on embrassa, on félicita Gustave, qui aurait préféré à toutes les richesses du monde l'affection de ses parens, de la sœur de sa mère, et le soir on se refusa obstinément à accepter l'hospitalité offerte par *l'héritier* du colonel de Weliskie, avec tant de franchise et de cordialité ; on s'en alla en promettant de revenir, et l'on ne revint pas.

Les efforts de Gustave, pour ramener à lui des cœurs qui ne connaissaient que l'amour de l'or, furent inutiles. On ne pouvait pardonner à l'orphelin sans appui, de se trouver désormais à l'abri de l'abandon et de la misère d'où l'on n'avait pas songé à le tirer, et Gustave ne trouvait que basse envie, là où il avait espéré de trouver tendresse et protection.

« Mon ami, disait-il au capitaine Delille, qui comprenait mieux que personne ce cœur formé par lui, tous les hommes sont-ils donc ainsi faits?

—Non, pas tous, tu le sais bien, Gustave, répondait le capitaine ; mais il faut dire que c'est le plus grand nombre. Dans ceux même que tu pourras obliger, il y en aura beaucoup qui t'envieront au lieu de te bénir.....

— Je les plains, dit Gustave avec un soupir. Il est si doux d'avoir de la reconnaissance, d'aimer qui nous oblige !... O mon ami, vous me faites connaître ce bonheur-là dans toute sa plénitude !... Mon oncle aussi ; il a tant fait pour moi !... Mais vous, mon père, vous avez fait plus encore ! Que j'aime à me le dire, que j'aime à le sentir !...... Mon ami, mon père, le cœur de Gustave est tout à vous ! » Et avec effusion il serrait dans ses bras l'excellent ami qui l'avait élevé, guidé, et avait été vraiment pour lui plus qu'un père.

L'existence de Gustave était maintenant des plus heureuses. N'étant pas obligé de travailler comme un mercenaire, il se livrait avec délices à son goût pour l'étude, et il allait se délasser en cultivant ses fleurs. Plus libre maintenant de suivre le penchant de son cœur, qui le portait à faire le bien, il aidait quiconque s'adressait à lui ; mais, d'après les conseils du capitaine Delille, rarement il donnait de l'argent ; il encourageait

ceux de ses confrères qui se trouvaient dans la peine, en leur fournissant des plants à un prix mo-
déré qu'il ne réclamait jamais,
mais qu'il recevait quand on venait
le lui apporter, afin de ne pas en-
courager la paresse en donnant, à
ceux qu'il obligeait, une trop
grande facilité de trouver, sans travail, des secours ; et le colonel, de
plus en plus fier de Gustave, commençait à comprendre qu'un gentilhomme peut, sans déroger,
exercer une profession quelconque,
et qu'il n'était point du tout dés-
honorant pour lui d'avoir un neveu
jardinier.

Lui-même prenait goût peu à
peu à des travaux qui occupent si

agréablement les loisirs de la campagne. Il se procurait à tout prix les fleurs les plus belles, et Gustave surprit un jour son oncle en admiration devant les tulipes et les jacinthes qu'il soignait de ses propres mains, sans permettre à personne d'y toucher.

Le soir, lorsque le petit nombre de personnes dont le colonel avait fait la connaissance à Fontenay, se réunissaient chez Gustave, on faisait une partie, ou bien on causait. D'autres fois c'était le colonel qui allait avec son neveu et le capitaine Delille, passer la soirée chez un ami. Quand on se trouvait seul à la maison, Gustave faisait la lecture; et bientôt le colonel en

Dessiné et Gravé par Montaut.

Gustave surprit un jour son oncle en admiration
devant les tulipes et les jacinthes ...

vint à préférer à l'histoire des guerres, des bouleversemens des em-
pires, des injustices et des passions
des grands, des souffrances et des
révolutions des peuples fatigués de
porter un joug de fer, l'histoire si
intéressante des phénomènes de la
nature, et des mœurs des plantes
et des animaux. Il lui semblait que
ce genre de lecture le rendait meilleur, plus disposé à la patience, si
nécessaire à tout le monde, surtout à quiconque est condamné à
des infirmités sans remède ; et il
étudiait l'histoire naturelle avec
autant d'ardeur que son neveu,
oubliant et sa vie passée, et ses
campagnes, et ses rêves d'ambition pour lui et pour Gustave.

«Ma foi, dit-il un jour, il faut confesser que de ma vie je n'ai été si heureux ! les heures passent avec une rapidité sans égale; ici tout m'amuse et me plaît..... Dans le temps où je vivais dans le monde, j'avais souvent des accès de colère et d'indignation en voyant les passe-droits, les injustices et les vexations exercés sur les petits par ceux qui étaient à la tête du pouvoir... et aujourd'hui encore, je n'y peux songer sans que tout mon sang ne bouillonne !...

— Pourquoi y songer, mon colonel? dit le capitaine Delille. Au sein de notre solitude, nous n'avons pas besoin de nous occuper de l'espèce humaine, et nous éprouvons chaque jour la vérité de cette maxime si profonde de l'amant de la nature, de Bernardin de Saint-Pierre : que *l'étude de la nature dédommage de celle des hommes, car elle nous fait voir partout l'intelligence d'accord avec la bonté.*

— O mon oncle, dit Gustave en lui prenant affectueusement la main, vous éprouvez à votre tour la douce influence de cette bonne et belle nature sur tous les cœurs honnêtes et sensibles ! Vous avez maintenant aussi la passion des fleurs ; de ces fleurs qui furent données à l'homme pour récréer ses regards, souvent attristés par la vue du malheur de ses sembla-

bles, et pour fournir une occupa-
tion douce et utile à sa jeunesse
et à ses vieux jours !

« — Tu as raison, mon neveu, »
répondit le colonel. Il attira Gustave sur sa poitrine, puis il ajouta :
« C'est toi qui m'as rendu sage et
heureux ; je t'en remercie, et je te
pardonne d'avoir préféré aux honneurs, aux joies souvent trompeu-
ses de l'ambition, le véritable bonheur, et, au titre de baron, celui
de jardinier fleuriste. »

FIN.

GUSTAVE.

TABLE

DES CHAPITRES CONTENUS DANS CE VOLUME.

FIN DE LA TABLE.